# やさしい
# 電子物性

宮入 圭一・橋本 佳男＝共著

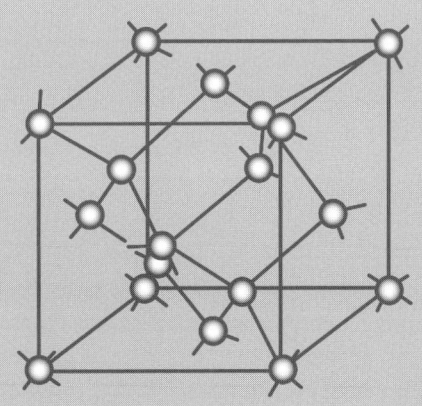

森北出版株式会社

●本書のサポート情報を当社 Web サイトに掲載する場合があります．下記の URL にアクセスし，サポートの案内をご覧ください．

http://www.morikita.co.jp/support/

●本書の内容に関するご質問は，森北出版 出版部「(書名を明記)」係宛に書面にて，もしくは下記の e-mail アドレスまでお願いします．なお，電話でのご質問には応じかねますので，あらかじめご了承ください．

editor@morikita.co.jp

●本書により得られた情報の使用から生じるいかなる損害についても，当社および本書の著者は責任を負わないものとします．

■本書に記載している製品名，商標および登録商標は，各権利者に帰属します．

■本書を無断で複写複製（電子化を含む）することは，著作権法上での例外を除き，禁じられています．複写される場合は，そのつど事前に(社)出版者著作権管理機構（電話 03-3513-6969，FAX 03-3513-6979，e-mail：info@jcopy.or.jp）の許諾を得てください．また本書を代行業者等の第三者に依頼してスキャンやデジタル化することは，たとえ個人や家庭内での利用であっても一切認められておりません．

# まえがき

　今日，地球上の遠く離れた国の人々と，どこにいても即座にコミユニケーションが可能であり，また日常生活においてもエレクトロニクスに関連した製品が豊富に利用され，大変便利な世の中になっている．これは，組み込まれたエレクトロニクス部品とその機能の利用技術の進歩のおかげである．これらの基礎は電子デバイスであり，電気電子材料物性の理解である．これは人類の叡智によって自然現象を解明してきた賜物であり，この解明なくして材料の機能を十分発揮できず，さらに，われわれの今日の豊かな生活が成り立たないといっても過言ではない．

　この電子デバイスの特性や材料物性を十分理解し，有効に使いこなすにはその原理を根底から理解しておくことが必要である．必要な機能をどのように実現するのか，材料構成はどうあるべきかなどの指針を得る際に，固体中における電子の振る舞いの本質を頭に入れておくことは大変役に立つものである．

　本書は以上の観点から，エレクトロニクスの分野で将来仕事をしようと考えている大学・高専の学生を対象に，基本的事項についてできるだけやさしくまとめたものである．

　本書の内容は著者らが電気電子工学科の学部学生に対して行ってきた講義の資料をもとに書き直したものであり，1年間で十分に理解できる程度の内容である．図および式で用いた記号には，同じ英文字で別の意味で使った部分もあるが，各章の中で混乱がないように，またそのつど説明して用いるように心掛けた．単位の表現は明確に示すために [ ] を付けた．内容の説明はページ数の制限もあり，いくつかの重要な事項を割愛せざるをえなかったこと，また説明が不十分な点もあるかと思うので，必要に応じてさらに参考文献に記載した書物などで勉学されることを期待したい．著者らの浅学非才ゆえに，不正確な記述もあるかもしれないが，大方の叱声とご寛容を心からお願いする次第である．

おわりに，本書の刊行で大変お世話になった森北出版の方々に御礼申し上げる．なお，参考文献に挙げた関係書のほか，国内外の文献から多くの恩恵を受けた．ここに関係各位に厚く御礼申し上げる．

2006 年 1 月

著　者

# 目　　次

**1 章　電子のはたらき** …………………………………… 1
　1.1　電子の発見　1
　1.2　電子の制御から電子工学発展への道　3
　1.3　物質科学と電子工学　5
　演習問題　5

**2 章　原子の発光** ………………………………………… 6
　2.1　水素原子の発光　6
　2.2　光の波長と光量子　7
　2.3　原子の模型と原子軌道　8
　2.4　光の運動量　9
　2.5　電子と光の波動性，粒子性　10
　演習問題　11

**3 章　波動関数** …………………………………………… 12
　3.1　電子は何の波か　12
　3.2　電子 1 個の波動関数　13
　3.3　電子のエネルギー　14
　演習問題　16

**4 章　シュレーディンガーの波動方程式** ……………… 17
　4.1　ポテンシャルと電子のエネルギー　17
　4.2　周波数は全エネルギー　18
　4.3　電子の運動エネルギー　19
　4.4　波動方程式　21
　演習問題　22

**5 章　原子の軌道** ………………………………………… 24
　5.1　水素原子の解析　24
　5.2　原子軌道とエネルギー　28
　5.3　価電子の役割　29
　演習問題　30

## 6章 原子の結合と結晶 ................................................ 31
    6.1 化学結合 31
    6.2 結晶構造 34
    演習問題 35

## 7章 周期的ポテンシャル ............................................. 36
    7.1 自由電子のエネルギー 36
    7.2 ブロッホの定理 37
    7.3 クローニッヒ−ペニーのモデル 39
    演習問題 43

## 8章 粒子の統計 ....................................................... 44
    8.1 温度はエネルギー 44
    8.2 マクスウェル−ボルツマン統計 45
    8.3 フェルミ−ディラック統計 47
    8.4 ボーズ−アインシュタイン統計 49
    演習問題 49

## 9章 格子振動と熱 ..................................................... 50
    9.1 格子振動の様式 50
    9.2 フォノンとそのエネルギー 52
    9.3 絶縁体の熱伝導 53
    演習問題 54

## 10章 金属の電気的性質 ............................................... 55
    10.1 導電率 55
    10.2 熱平衡とドリフト 57
    10.3 金属の電子のエネルギーとフェルミレベル 58
    10.4 動ける電子 59
    演習問題 61

## 11章 半導体の導電現象 ............................................... 62
    11.1 導電率の温度特性 62
    11.2 正 孔 64
    11.3 半導体のエネルギーバンド 65
    11.4 不純物の添加 66
    演習問題 69

## 12 章　電子の群速度と有効質量 ········· 71
12.1　自由電子の群速度　71
12.2　有効質量　72
12.3　キャリア密度と np 積　76
演習問題　78

## 13 章　半導体における諸効果 ········· 79
13.1　ホール効果　79
13.2　熱電効果　81
13.3　光導電効果　83
演習問題　85

## 14 章　電子放出 ········· 86
14.1　熱電子放出　86
14.2　光電子放出　90
14.3　電界放出　91
14.4　二次電子放出　92
演習問題　92

## 15 章　誘電体 ········· 94
15.1　物質の誘電性　94
15.2　誘電率と分極の関係　95
15.3　局所電界　96
15.4　誘電率の表現式　98
15.5　分極の種類と物質の誘電率　102
15.6　誘電分散　104
15.7　強誘電体　107
15.8　電気伝導　111
15.9　絶縁破壊　116
演習問題　119

## 16 章　磁性 ········· 120
16.1　磁性　120
16.2　透磁率　121
16.3　磁性の根源　121
16.4　常磁性　126
16.5　強磁性　129
16.6　反磁性　132
16.7　磁性体の種類と特性　133
演習問題　134

## 17章　超 伝 導 ··············································· 135
　　17.1　超伝導現象　135
　　17.2　超伝導現象の発見の歴史的変遷　136
　　17.3　ロンドンの現象論と磁界の侵入　137
　　17.4　超伝導の物理　139
　　17.5　ジョセフソン効果　141
　　演習問題　142

付　　録 ······················································· 143
演習問題解答 ··················································· 156
参考文献 ······················································· 173
索　　引 ······················································· 174

# 1章

# 電子のはたらき

　電子デバイスは今日のエレクトロニクスにおいて中心的役割を果たしており，今後のエレクトロニクスの発展も電子デバイスにかかっているといっても過言ではない．電子デバイスを根底から理解するには物質中の電子の性質を十分に知っておく必要がある．

　本章では，電子の発見から，トランジスタの発明，集積回路の発展までにいたる歴史的変遷について述べる．

## 1.1　電子の発見

　「現代はエレクトロニクスの時代である」と言われ始めてから数十年が経過している．エレクトロニクスという言葉も 1930 年ころ，ラジオ放送が大衆化したときにはすでに使われたという記録がある．表 1.1 に示すように，その後の電子工学は大きな発展をとげた．現在では，物（物質）がどのように「電気を流すか」ということは，「物質中の電子がどう動くか」であることは衆知の事実であるが，電子の概念が提示されたのはさほど古くはない．

表 1.1　電子工学発展史

| 年 | 事項 | 年 | 事項 |
|---|---|---|---|
| 1831 | ファラデー電磁誘導 | 1948 | 点接触トランジスタ |
| 1864 | マクスウェル電磁方程式 | 1950 | 接合型トランジスタ |
| 1879 | エジソン白熱電球 | 1952 | シリコン単結晶 |
| 1888 | ヘルツ電磁波実験 | 1958 | 集積回路 |
| 1904 | 鉱石検波器 | 1960 | レーザ発明 |
| 1907 | ド・フォレスト3極管 | 1981 | 64 K RAM 実用化 |
| 1920 | 無線放送開始 | 1981 | IBM PC 発売 |
| 1925 | テレビジョン実用化 | 1987 | 高温超伝導体発見（90 K） |
| 1941 | レーダ実用化 | 1991 | world wide web 発明 |
| 1946 | ENIAC（電子計算機） | 1995 | 青色半導体レーザ |

19世紀にはすでに電気の存在はもちろん，いろいろな電気現象が発見されており，ファラデー［Faraday］(1837) やマクスウェル［Maxwell］(1873) によって電磁気現象が理論的に説明される段階にあった．しかし，電子の存在までは知られていなかった．当時，電気の流れの本質を知るために真空放電の研究が行われるようになり，クルックス［Crookes］によって，電流とはマイナスの電荷をもち，陰極から陽極へ飛んでいく粒子の流れであることが指摘された．

アイルランド出身の物理学者ストーニー［Stoney］は1874年に電子の概念を提示し，エレクトロンと名づけた．その後，電子は紫外線を当てた金属面から，または加熱された金属面からも飛び出すことがわかり，その実体も究明された．電子の存在を決定的に知らしめたのは，トムソン［Thomson］である．彼は1897年に静電界および磁界偏向を利用して電子の質量と電荷の比を求めた．これにより，X線を生じる陰極線というのは質量が原子の1000分の1程度の微粒子の流れであることが明らかになった．陰極線の特徴はつぎの通りである．

（ⅰ）輝いている電極の間では，「電子」が陰極から飛び出し，粒子のようにぶつかると止まる．

（ⅱ）電極間に羽根車を置くと，「電子」がぶつかって羽根車が回るため，「電子」には運動量（質量）がある．

（ⅲ）電界または磁界を掛けると，電流が流れているかのように曲がり，「電子」が電荷をもっている．

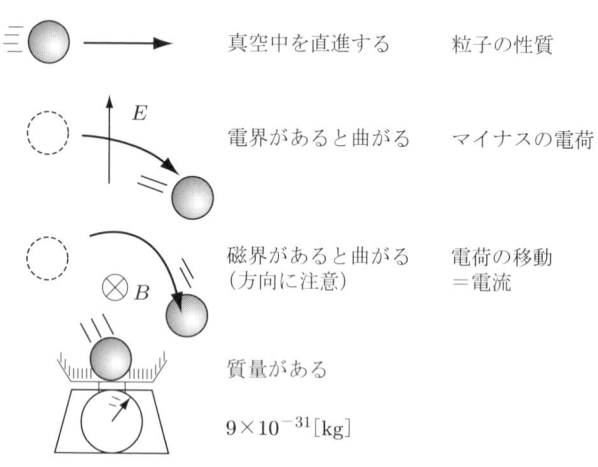

図 1.1 電子の性質

以上の結果から，マイナスの電荷とプラスの質量をもった粒子，「電子」が見つかった．図 1.1 に電子の主な性質をまとめる．

## 1.2 電子の制御から電子工学発展への道

### （1）電気素量の測定

電子の質量 ($m$) とその電荷 ($e$) との比 $m/e$ がトムソンによって測定されたが，ミリカン [Millikan] は油滴を用い，電界で安定させる独自の手法により，1909 年に電荷の値を

$$e = 1.602 \times 10^{-19} \text{ [C]} \tag{1.1}$$

と求めた．ただし，彼の実験では電子が何千と集まった油滴を使ったため，求められたのは $e$ の整数倍であった．それらから $e$ を割り出したのであるが，当時はコンピュータがなかったため容易ではなかったものと考えられる．

ここで，電子 1 個を 1 [V] の電圧で加速したエネルギーを 1 [eV]（エレクトロンボルト）と表す．すなわち，

$$1 \text{ [eV]} = 1.602 \times 10^{-19} \text{ [J]} \tag{1.2}$$

となる．電界との対応がわかりやすいため，電子のエネルギーについてはこの [eV] 単位を用いることにする．

### （2）ブラウン管と真空管の発明

ブラウン [Braun] は，トムソンが考案した $m/e$ の測定法がそのまま電圧測定に利用できることに気づいた．これがブラウン管の始まりである．そして，波形の観測に利用され始め，1927 年には時間軸発生回路が考案されてオシロスコープとしての形態が確立し，テレビジョンの発明へとつながった．また，この電子流を制御する技術は電子顕微鏡への道を開くことにもなった．電子を発生する電子銃の研究においては熱電子放射理論が展開され，真空管の性能向上に大きな役割を果たした．このときの材料研究が酸化物被覆陰極の電子放射理論を生み，半導体物理学の発展の礎として後のトランジスタ技術の確立へ大きく貢献した．

真空技術の発達と優れた熱電子放出材料の開発は優秀な真空管の出現をもた

らした．この真空管により信号の増幅や制御が可能になり，エレクトロニクスの発展に大きなインパクトを与えた．

　フレミング［Fleming］はエジソン［Edison］が観察していた炭素フィラメントの蒸発によるガラス管壁の黒化の現象を調べるために一つの電極を挿入した．このとき，彼はこの電極とフィラメントの間には一定の方向にしか電流が流れない整流現象を発見し，この現象を利用して1904年に2極管を発明した．その後，1907年にド・フォレスト［de Forest］によって3極管が発明され，扱う周波数もマイクロ波領域まで拡張された．当初の真空管は性能が不安定であったが，ラングミュア［Langumuir］の開発した拡散ポンプによる真空装置（1915年）のおかげで真空技術が一躍向上し，それとともに真空管の性能が向上したため実用化された．この真空技術は高度な薄膜形成技術として今日の電子デバイス作製プロセスに不可欠なものとなっている．

（3）トランジスタの発明から今日の集積回路へ

　1946年に最初に作製された電子計算機（ENIAC）は18000本の真空管を用い，$100\,[\mathrm{kW}]$の電力を要し，$30\,[\mathrm{m}^2]$以上の部屋が必要なほどの大きさであったと言われている．今日の電子計算機，情報機器をはじめとする電子機器からは想像できない．この発展に大きなインパクトを与えたのはトランジスタである．

　トランジスタ出現のきっかけは半導体表面の研究が進展したことによる．第二次大戦中，レーダ技術においてマイクロ波用鉱石検波器が重視され，ゲルマニウム，シリコン検波器の研究が行われた．このとき，金属と半導体の接触および半導体表面の研究がブラッテン［Brattain］によって行われ，トランジスタ作用が発見され，1947年には点接触トランジスタが作られた．そして，1950年にショックレー［Shockley］によって実用に適した高性能な接合型トランジスタが発明された．その後はシリコン材料の純度99.99999999％までの精製，フォトリソグラフィーなどの加工技術の向上とともに，トランジスタの高性能化，小型化，高信頼化が進んだ．さらに，回路の小型化が考案され，トランジスタ，抵抗，キャパシタなどの部品の集積化を行う努力がなされ，今日の集積回路（Integrated Circuit：IC）の姿へと発展の道をたどった．

　現在では，一つの集積回路に用いられるトランジスタの数はゆうに億を超えており，これほどの技術革新はほかの分野では見られないものと思われる．

## 1.3 物質科学と電子工学

新しい物質の出現はこれまでにない新現象の発見や工業技術の革新につながることが多い．半導体ゲルマニウムの電気的特性は優秀なトランジスタを出現させた．また，温度や機械的強度にも優れ，酸化膜にも卓越した機能を有するシリコンの登場が今日の IC 技術につながったことはとてもよい例である．

物質は室温で固体であっても，通常温度を上げていくと，液体，気体へと変化する．物質の性質，たとえば，電気的性質や磁気的性質はその構成元素が何であるかだけではなく，温度や圧力，場合によっては化合物の種類など原子の結びつきかたによって異なるものとなる．

かつては既存の材料の特性を調べ，それらの組み合わせによって所望の機能をもたせていた．すなわち，透磁率 ($\mu$)，抵抗率 ($\rho$)，誘電率 ($\varepsilon$) などの物性値を選定し，インダクタンス ($L$)，抵抗 ($R$)，キャパシタンス ($C$) を寸法，形状から決めていたのである，しかし，今日では，温度や動作速度などによって逆に寸法，形状が制限される場合が多い．これを可能にした基礎には量子力学，統計力学，熱力学などの近代物性論の確立に負うところが大きい．物性が理論的に解明され，かつ合成技術も確立された暁には，分子・原子論的に物性を制御すること，いわゆる分子設計が可能になる．

## 演習問題

**1.1** つぎの 27 個の数値は電気素量に見立てたある数を数百ないし数千倍し，さらに適当な誤差を与えた数である．元の数値がいくらか求めなさい．

674.36217, 2442.86565, 1156.56678, 1099.04567, 2135.67039, 736.78157, 1305.89069, 2501.63221, 2108.75874, 2685.19074, 2026.74362, 1132.1019, 2545.67673, 1914.14223, 1330.37112, 2510.20605, 2418.39454, 1300.99203, 2751.29608, 1114.9576, 1592.28888, 2092.86042, 2392.67891, 2865.10333, 1110.06395, 1970.45696, 2849.22486

**1.2** 真空中で静止している電子を 1 [kV] の電圧で加速した．相対論の効果（高速で運動する電子の質量が大きくなること）を無視できるとすると，電子の速さはいくらになるか．

**1.3** 現在のコンピュータは，$1 \times 10^9$ 個以上のトランジスタを使用している．もしこれと同等の回路を，ENIAC に使用したものと同じ真空管を用いて作製しようとするとどうなるか．

# 2章

# 原子の発光

　原子はその大きさが $10^{-10}$ [m] 程度と肉眼では見えないが，古くから光と原子の相互作用から原子の性質は解析されてきた．現在では，走査トンネル顕微鏡（STM）などを用いて原子の様子を何百万倍にも拡大して観察し，解析することができる．

　本章では水素原子の発光から原子の成り立ちについて考え，電子の波の性質の重要性について述べる．

## 2.1 水素原子の発光

　透明なガラス管に水素を詰め，これに高電圧をかけると放電して，管の中が光る現象が見られる．ガラス管内が真空の場合はこの現象は起こらず，水素の代わりに他のガスを入れると，光の色が変化する．水素原子では，電圧によって供給されたエネルギーを光として外部に放出する．その際，水素の出す光の色は非常に強い何色かの光の集まりで，大変特徴的である．分光器を用いて，波長ごとの光の量をグラフにすると，図 2.1 のようになる．太陽光では，(a) のように連続的な波長範囲の光であるが，水素原子では，(b) のようにほとんど幅のない狭い波長の光が強く観測され，輝線スペクトルとよばれる．

　このスペクトルを解析する．波長 $\lambda$ の関係式は，

$$\frac{1}{\lambda} = R\left(\frac{1}{m^2} - \frac{1}{n^2}\right) \quad \text{ただし,} \quad m=2,\ n=3,\ 4,\ 5,\ \cdots \tag{2.1}$$

である．$R$ はリュードベリ [Rydberg] 定数である．逆数に注意すること．

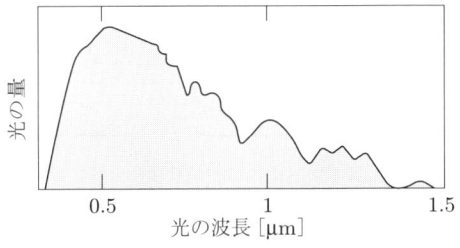

（a）太陽光のスペクトル

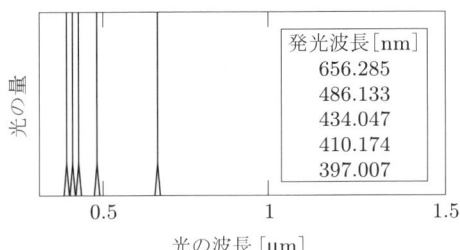

（b）水素原子の発光スペクトル

図 2.1　スペクトルの比較

## 2.2　光の波長と光量子

　水素原子の発光を解析するために光の波長の意味について考えよう．光の波長が短波長ほど強い効果がある．それを顕著に示すのが，光電効果の実験である．金属に X 線などの電磁波を当てると，電子が放出される．出てきた電子のエネルギーは，光の周波数に依存して図 2.2 のように変化する．また，周波数がある値より小さいと電子は放出されない．さらに電子のエネルギーの「最大値」が光の周波数の一次式で表されることから，光のエネルギーは，$\nu$ に比例する量 $h\nu$ である．この $h$ はプランク [**Plank**] 定数で，

$$h = 6.6 \times 10^{-34} \text{ [Js]} \tag{2.2}$$

である．このときの電子が放出される最小のエネルギーを**仕事関数**（work function）$W$，電子のエネルギーを E とすると，図 2.2 の関係は，

$$\text{E} \leqq h\nu - W \tag{2.3}$$

*8*　2章　原子の発光

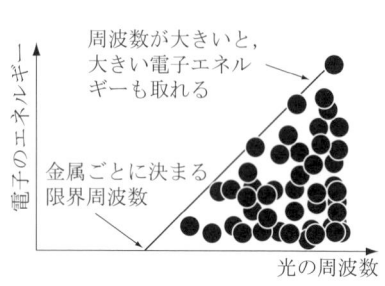

図 2.2　光の周波数と電子のエネルギー

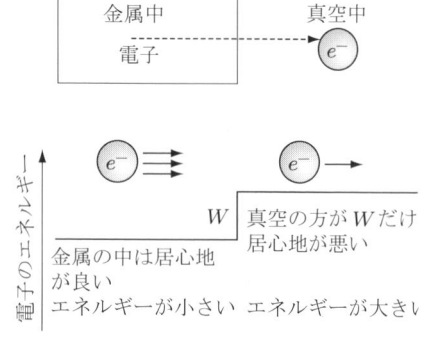

図 2.3　仕事関数

という不等式で表される．なお，電界を $E$（イタリック体）と表すため，エネルギーはこれと区別して E（ローマン体）とする．

　金属中は電子にとって「居心地が良く」，たくさんの電子が存在し，容易には外に出られない．図 2.3 は金属と真空の間で，電子のポテンシャルエネルギーは低いが，$W$ だけ大きくなることを示す．光電子放出の場合は，光から受け取ったエネルギーを $W$ だけ消費して，電子が真空に出てくることを示している．

　ここで重要なことは，エネルギーは光の明るさ（量）ではなく，色で決まることである．光の量を増やしても，1 個の電子に与えるエネルギーは増加しない．このモデルには二つのポイントがある．

　（i）光が粒子の性質をもつ「**光子**（photon：フォトン）」である．

　（ii）光と電子が相互作用するときは，光子一つと電子一つが相互作用する．

これは光の波動性を認めつつ，「電子との相互作用の際には光の粒子が存在すると考えると非常によく説明できる」ことを示している．

## 2.3　原子の模型と原子軌道

　原子の構造を考えよう．原子の内部には電子が存在し，原子から飛び出すことがある．ラザフォード［Rutherford］は原子にヘリウムイオン（プラスの粒子）を当てる実験で，原子の中心部分に正の電荷をもつ原子核のあることを示した．図 2.4 に原子核とそのまわりに存在する電子の様子を示す．

　つぎに前節で述べた光の性質を用いて，水素原子の発光スペクトルを検討しよ

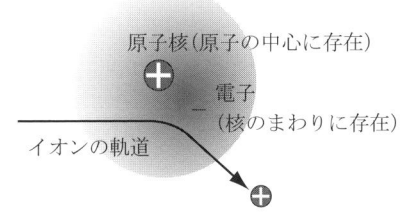

図 2.4 ヘリウムイオンの散乱と原子の構造

う.ボーア [Bohr] の水素原子理論(付録 A 参照)では,電子のエネルギーが,

$$E_n = -\frac{E_H}{n^2} \quad \text{ただし,} \quad n = 1, 2, 3, \cdots \tag{2.4}$$

と表される.$E_H$ は,通常の水素原子から電子を取り出すエネルギーで,

$$E_H = 13.6 \text{ [eV]} \tag{2.5}$$

である.このとき,**光のエネルギー** $h\nu$ は,

$$h\nu = E_m - E_n = \left(-\frac{E_H}{m^2}\right) - \left(-\frac{E_H}{n^2}\right) \tag{2.6}$$

と光のエネルギーが電子の二つのエネルギーの差で表される.もちろん,$m$ は $n$ より大きい正の整数である.これは,電子の軌道のエネルギーの差の分だけ光が放出されるためである.エネルギーが最低で,もっとも安定なもの $E_1$ を基底状態,それ以外の準位を励起状態とよぶ.励起状態からよりエネルギーの低い準位へ電子が遷移することで光の放射が起こる.この電子のエネルギーが飛び飛びの値となる(量子化される)ことの発見は,後の量子力学による電子の波の考え方へと結びついた.原子核の周りの電子は,粒子としてぐるぐる回っていないが,原子核のまわりに雲のように存在することがわかっている.

## 2.4 光の運動量

光子にはエネルギー $h\nu$ があり,速度は $c$ である.図 2.5 は電子に光子(X 線)をぶつける実験である.運動量の保存則から,**光の運動量**を計測できる.すなわち,光子と電子がぶつかると,止まっていた電子が動き出し運動量を得る.

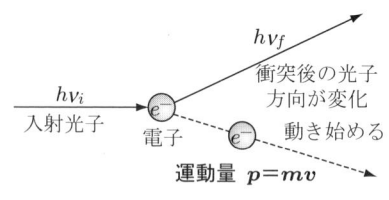

図 2.5 コンプトン効果

同時に光子もその軌道が変化し，速度は $c$ のままながら，周波数 $\nu$ が変化する．ここでわかったことは，光の運動量 $p$ は，

$$p = \frac{h\nu}{c} = \frac{h}{\lambda} \tag{2.7}$$

と光の周波数 $\nu$，または波長 $\lambda$ で表されることである．この式は，ド・ブロイ [de Broglie] の関係式とよばれる．光の周波数が衝突の前後で $\nu_i$ から $\nu_f$ に変化するとき，運動量保存の式は，

$$\frac{h\nu_i}{c} = \frac{h\nu_f}{c} + mv \tag{2.8}$$

となる．ただし，動き出した電子の質量 $m$，速度 $v$，運動量 $mv$ とする．これをコンプトン [**Compton**] **効果**とよび，光の運動量が式 (2.7) のように波長の逆数で表される．

## 2.5 電子と光の波動性，粒子性

回折などの干渉現象から，波であるとされた光も電子などと相互作用するときは，その場合だけ**粒子の仮面**をかぶっている．図 2.6 はこの電子と光の性質の概念図である．前章で質量 $m$，電荷 $-e$ の荷電粒子であるとした電子は，原子の中にとどまる場合や後述の固体結晶中に存在する場合は，**波の性質**がある．電子の波動性を裏付ける実験は，ダビソン [Davisson] とゲルマー [Germer] によって行われた．Ni 板に電子線を照射したときの電子線の散乱角度を X 線の散乱と比較し，電子の波も式 (2.7) の波長をもっていることがわかった．この結果，電子についてもほかのものと相互作用する際にのみ粒子の仮面をかぶっていると考えてもよいだろう．

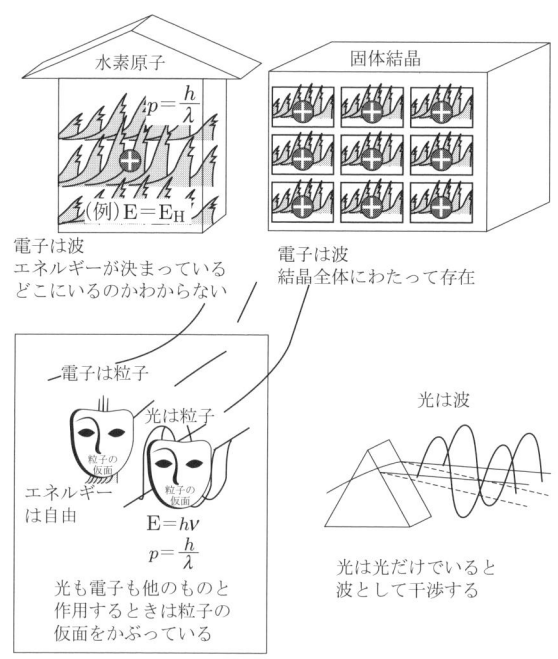

図 2.6 電子と光の性質

## 演習問題

**2.1** 図 2.1 の数値を用いて，リュードベリ定数 $R$ がいくらになるか調べなさい．

**2.2** 式 (2.4)，(2.5) から $E_1$, $E_2$, $E_3$, $E_4$ のエネルギーを求めなさい．

**2.3** 青い光 ($\nu_i = 7.0 \times 10^{14}$ [Hz]) をある静止した電子にあてると，光は向きを 30°変えて赤い光 ($\nu_f = 4.0 \times 10^{14}$ [Hz]) となった．このとき動き出した電子の運動量の大きさはいくらか．

**2.4** つぎに示す電子の性質のうち，電子の波の性質が寄与しているものを選び，その寄与を説明しなさい．
　（ⅰ）高電圧下で水素原子が発光する．
　（ⅱ）水素原子の発光波長が特定の値となる．
　（ⅱ）シリコン原子がきれいに並んで結晶となる．

# 3章

# 波動関数

電子には波の性質があり，波が干渉し強めあう場合にのみ電子が存在する．原子中の電子のエネルギーは飛び飛びの値をとる．さらにダビソンとゲルマーの実験により，電子の波動性（ド・ブロイの電子波）が明らかになった．

本章では，電子のエネルギーやその運動を解析する方法として電子の波を定量的に表す，「波動関数」について解説する．これは量子力学の基本であり，物質中の電子物性の理解に不可欠なものである．

## 3.1 電子は何の波か

波というと水や空気など何らかの物質が振動しているものが想像される．しかし，それらよりも小さい電子の波は何が振動しているのであろうか．実は，水や空気のような媒質は存在しない．また，電子は波のように干渉する性質があるだけであり，電子の波の変位を時間や位置の関数として正確に表すことはできない．これは，電子をなんらかの方法で見てしまうと，前述の粒子の仮面をかぶってしまうために，波の情報が得られなくなることと関係している．

ここではそのような電子の波を正確に理解することはあきらめ，干渉する電子の性質のみを正確に解析することにする．そのため，電子がどのように干渉するかを表す波の式を勝手に作り，電子の波を解析する．これが，(電子の)**波動関数**である．この波動関数の値そのものには実体がない．だが，干渉する様子を解析して実際の電子の居場所をつきとめるためには利用できる．また，測定可能な物理量は実数で表されるが，波動関数は観測できない値ということで複素数とする．このように実体がない複素数を用いて解析する例として交流電気回路の複素電圧やインピーダンスといったものがある（付録 B 参照）．ここでは，波動関数を複素電圧と比較して述べる．

## 3.2 電子1個の波動関数

ある場所に電子が1個存在する場合の電子の波を考える．ずっと存在するため電子の波はその場所だけに定在波が起こる．電子1個が定常的に存在する場合でも，電子は必ず波打っているので，電子は時間や位置で変化する波である．図3.1に仮想的な電子の波を示す．横軸は位置（空間）を表すが，縦軸にあたるものはない．そこで，この縦軸には，単に「波だよ」とだけ称することにする．すなわち，電子の波はつぎのようになる．

(ⅰ)「波だよ」の値は場所によって変化する．
(ⅱ) 波長 $\lambda$ がエネルギーや運動量から決まる値となる．
(ⅲ) 電子が1個あると「波だよ」の振幅が1であり，より多く存在すると振幅が増大する．

この(ⅲ)が重要で，「波」の振幅を分析することは電子を知ることになる．

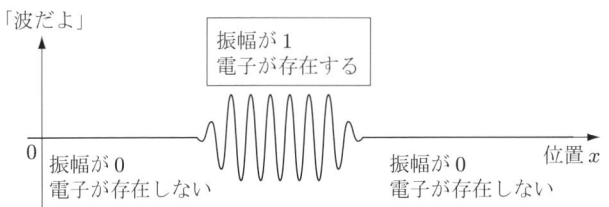

図 3.1 電子の波

以上の(ⅰ)～(ⅲ)を満たす「波」を，時間や空間の複素数の関数として導入する．これが波動関数である．電子の波動関数は，$\Psi$（プサイ）という記号で表す．これは，縦軸の座標軸と一波長分の波の形そのままを縦軸とした程度のもので，先ほどの「波だよ」と同じである．図3.2にはこの波動関数の性質を複素電圧と比較してまとめる．複素電圧のように複素数の絶対値が大きさ（電子の存在する割合）を表すようにする．すると，ある範囲に一様に電子が存在するときの波動関数 $\Psi$ は絶対値が一定となる．そこで，ある定数 $A$ と任意の偏角 $\theta$ を用いて，

$$\Psi(x) = A\mathrm{e}^{i\theta}$$

と表すことができる．もちろん，これは波であるため，偏角 $\theta$ は場所 $x$ によっ

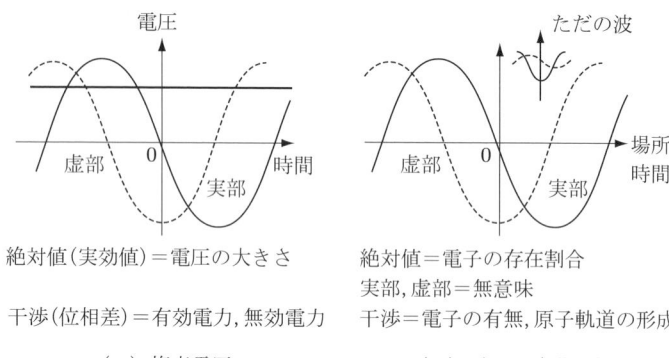

図 3.2 複素電圧と波動関数の比較

て変化することになる．そこで，波動関数は，**波数** $k$ を用いて，

$$\Psi(x) = Ae^{ikx} \tag{3.1}$$

となり，場所を表す虚数の指数関数とする．$\Psi(x)$ は $kx$ が $2\pi$ 増加するごとに同じ値になる周期関数である．$k$ は $x$ 方向にどれだけ波が存在しているかを示す．どの $x$ でも $\Psi(x)$ の絶対値は $A$ となるが，値が複素数である．さらに $\Psi(x)$ の大きさは，一般的に電子がどの割合で存在するかを絶対値の 2 乗で表すことにする．すなわち，

$$\text{電子の存在割合（確率）} = \overline{\Psi(x)}\Psi(x) \tag{3.2}$$

とする．粒子としての電子ではないので，正確には電子の居場所を特定できず，**電子の存在割合**（確率）だけを計算する．式 (3.2) からは，ある程度（たとえば $10^{-10}\,[\text{m}]$）の幅をもった空間に電子が存在するといった情報しか得られない．

## 3.3 電子のエネルギー

波動関数が時間とともにどのように変化するかを考えよう．こちらも干渉がある．波動関数を時間 $t$ の関数として表す場合は，時間の寄与 $\omega t$ にはマイナスをつけて，

$$\Psi(x,t) = Ae^{i(kx-\omega t)} \tag{3.3}$$

とする.なお,$\omega$は,角周波数であり,周波数$\nu$で表すと,$2\pi\nu$となる.この後,変数を( )を付けて表す部分は省略し,単に$\Psi$と書くことにする.このとき,波動関数を時間で微分すると,$\omega$が得られる.すなわち

$$\frac{d\Psi}{dt} = -i\omega A e^{i(kx-\omega t)} = -i\omega A\Psi \tag{3.4}$$

である.これより,

$$\frac{\frac{d\Psi}{dt}}{\Psi} = -i\omega \tag{3.5}$$

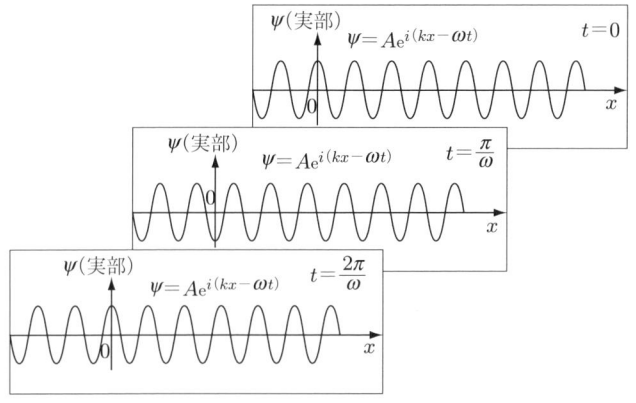

(a) 波動関数の実部

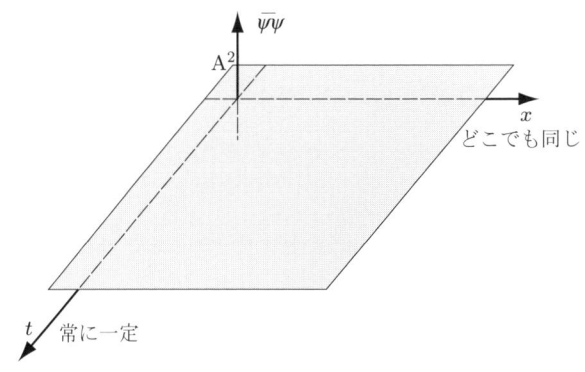

(b) 波動関数の大きさ

図 **3.3** 波動関数の形

と電子の角周波数が求められる．このとき，電子のエネルギー E は，

$$E = h\nu = \hbar\omega = i\hbar \frac{\frac{d\Psi}{dt}}{\Psi} \tag{3.6}$$

と表される．なお，$\hbar$ は

$$\hbar = \frac{h}{2\pi} = 1.05 \times 10^{-34} \text{ [Js]} \tag{3.7}$$

なる定数である．式 (3.6) には，虚数単位が入っている点にも注意が必要である．

波動関数 $\Psi$ は，電子の存在やエネルギーを計算できる関数であるが，実数ではないため，$\Psi$ 自身は観測できない．図 3.3 に式 (3.3) の電子が定常的に存在する場合の波動関数の概念図を示す．空間や時間の波であり，実部や虚部だけに注目すると時間や空間の正弦関数であるが，大きさの 2 乗は常に一定である．

**例題 3.1** $x = 0$ の付近に電子が存在し，波動関数が，

$$\Psi(x,t) = \frac{1}{2\sqrt{\pi}} e^{-x^2 + ix - 2it}$$

であったとき，この電子のエネルギーはいくらか．

**解答** 式 (3.6) に代入して，

$$E = i\hbar \frac{\frac{d\Psi}{dt}}{\Psi} = i\hbar \frac{-2i \left( \frac{1}{2\sqrt{\pi}} e^{-x^2 + ix - 2it} \right)}{\frac{1}{2\sqrt{\pi}} e^{-x^2 + ix - 2it}} = 2\hbar$$

となる．なお，微分は時間での微分であることに注意が必要である． ∎

### 演習問題

**3.1** 電子 1 個が 1 [nm] の長さの領域に存在し，どこでも分布が同じであり，エネルギーが 1 [eV] であったとする．このときの電子の 1 次元の波動関数 $\Psi(x,t)$ の例を一つ示しなさい．

**3.2** 「電子の波動関数が常に実数である」と決めるとどのような問題が発生するか．

# 4章

# シュレーディンガーの波動方程式

本章では,波動関数を用いて電子の波がどこにあるのかを解析する方法について述べる.

## 4.1 ポテンシャルと電子のエネルギー

電子が定常的に存在する場合の波動関数は,

$$\Psi(x,t) = Ae^{i(kx-\omega t)} \tag{4.1}$$

となり,場所 $x$ と時間 $t$ との関数であった.この波はどのような条件で存在するのだろうか.もちろん,電子の波どうしの干渉で弱めあい,電子のない空間では波動関数は 0 となる.原子の解析では,原子核のポテンシャルを考慮する必要がある.水素原子では,ポテンシャル $V(r)$ は,

$$V(r) = -\frac{e^2}{4\pi\varepsilon_0 r} \tag{4.2}$$

となり,半径方向に変化する関数である.

式 (4.2) のポテンシャルを加え,式 (4.1) の波が存在する条件を計算する.ここで,図 4.1 に示すように,「見えているのものはエネルギー」であるため,エネルギーを計算し,矛盾せずに波が残る条件を計算する.すなわち,電子の全エネルギー

$$E = h\nu = \hbar\omega \tag{4.3}$$

が,電子の運動エネルギーにポテンシャルを加えたものに等しい必要がある.電子の運動エネルギーも電子波の波長を用いて計算し,波が矛盾(干渉で消失)

**18**　4章　シュレーディンガーの波動方程式

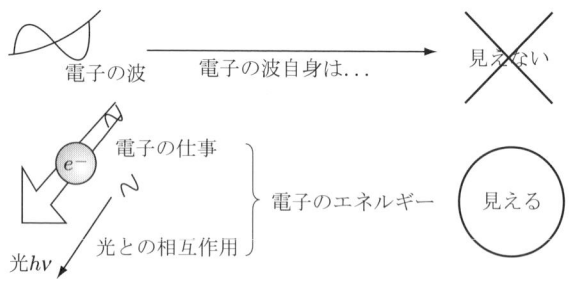

図 4.1　見えているものはエネルギー

せずに残る場合に電子が存在する ことになる．

## 4.2　周波数は全エネルギー

式 (4.3) のエネルギーを求めることを考えよう．すなわち，単位が，$[\text{s}^{-1}]$ である角周波数 $\omega$ を計算することになる．また，波動関数は単位もわからない「正体不明」である．したがって，波動関数は割り算などを行って消去しないと意味のある物理量は計算できない．もちろん，単に

$$\frac{\Psi}{\Psi} = 1$$

としては，物理量を表せないが，微分すると，意味のある関数を残すことができる．すなわち，

$$\frac{\frac{d}{dt}\Psi}{\Psi} = 何らかの関数$$

となる．おそらく，指数の $-i\omega t$ 乗があるため微分すると $-i\omega$ がでてくるはずと考えられる．なお，正確には変数が多数あり，偏微分であるが，ここでは $d$ のままで表現する．そして，$\Psi$ を時間微分すると，単位が $[正体不明 \cdot \text{s}^{-1}]$ となるが，$\Psi$ は単位が $[正体不明]$ であるため，割ると単位 $[\text{s}^{-1}]$ と周波数のディメンジョンの物理量が得られる．これを利用して $\nu$ を計算する．

波動関数が式 (4.1) であったとすると，波動関数を時間 $t$ で微分して，

$$\frac{d}{dt}\Psi = \frac{d}{dt}Ae^{i(kx-\omega t)} = -i\omega Ae^{i(kx-\omega t)} = -i\omega\Psi$$

となる．これを $\Psi$ で割って，正体不明の波動関数を消去すると，

$$\frac{\frac{d}{dt}\Psi}{\Psi} = -i\omega \tag{4.4}$$

となって，角周波数 $\omega$ が求められる．これを式 (4.3) を用いてエネルギーに変換すると，

$$E = i\hbar\frac{\frac{d}{dt}\Psi}{\Psi} \tag{4.5}$$

と $i$ が残るが，波動関数の**時間微分**から電子のエネルギーを計算できる．図 4.2 にあるように，周波数がエネルギーを表しており，電子のエネルギーが増えても波動関数の振幅は増加しない．

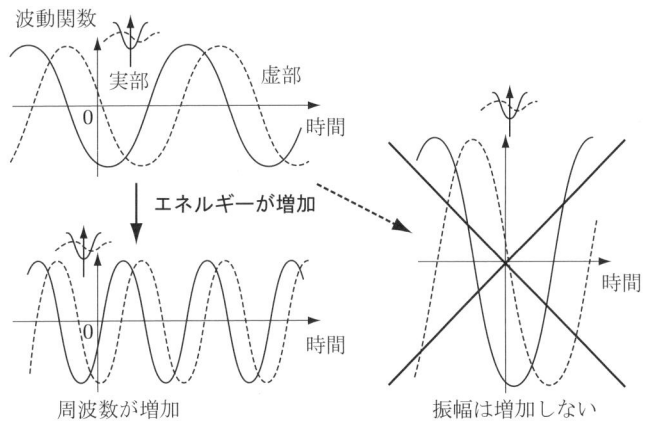

図 **4.2** 周波数とエネルギー

## 4.3 電子の運動エネルギー

ド・ブロイの電子波の波長と運動量の関係

$$p = \frac{h}{\lambda} \tag{4.6}$$

**20**　4 章　シュレーディンガーの波動方程式

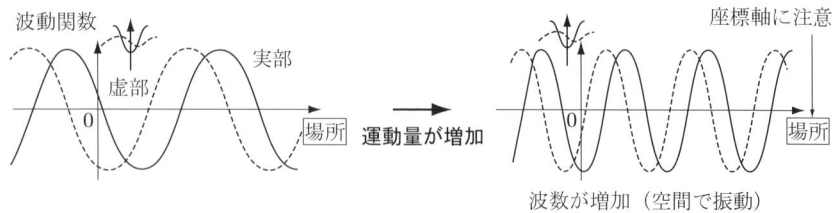

図 **4.3**　波動関数の波紋

を用いて電子の運動量を考える．波動関数についても，波長が短くなると運動量が大きいことを示す．図 4.3 は波動関数の空間変化と電子の運動量についてまとめたものである．ここでは，波数 $k$（単位 $[\mathrm{m}^{-1}]$）を用いて波動関数を表す式を求めよう．式 (4.1) で，$kx$ が $2\pi$ 増えると一つの波が終わるため，波長 $\lambda$ は，

$$\lambda = \frac{2\pi}{k} \tag{4.7}$$

となる．これと式 (4.6) から運動量は，

$$p = \frac{h}{2\pi}k = \hbar k \tag{4.8}$$

となる．波動関数を操作することでこの $k$ を求めたい．$\Psi$ を場所 $x$ で微分して，

$$\frac{d}{dx}\Psi = \frac{d}{dx}A\mathrm{e}^{i(kx-\omega t)} = ikA\mathrm{e}^{i(kx-\omega t)} = ik\Psi$$

となる．これを式 (4.8) と同様に，$\Psi$ で割ると，

$$\frac{\frac{d}{dx}\Psi}{\Psi} = ik \tag{4.9}$$

となって，$k$ を求められる．一方，運動エネルギー $\mathrm{E_k}$ は，

$$\mathrm{E_k} = \frac{1}{2}mv^2 = \frac{p^2}{2m} \tag{4.10}$$

から求める必要がある．ただし，$m$ は電子の質量，$v$ は電子の速度である．ここで $\Psi$ の二階微分を行って，

$$\frac{d^2}{dx^2}\Psi = \frac{d^2}{dx^2}Ae^{i(kx-\omega t)} = (ik)^2 Ae^{i(kx-\omega t)} = -k^2\Psi$$

となるため，運動エネルギー $E_k$ は，

$$E_k = \frac{p^2}{2m} = \frac{1}{2m}\hbar^2 k^2 = -\frac{1}{2m}\hbar^2 \frac{\frac{d^2}{dx^2}\Psi}{\Psi} \tag{4.11}$$

と，二階微分を $\Psi$ で割って計算することができる．

## 4.4 波動方程式

運動エネルギーにポテンシャルエネルギー $V(x)$ を加えると，

$$E = E_k + V(x) = -\frac{1}{2m}\hbar^2 \frac{\frac{d^2}{dx^2}\Psi}{\Psi} + V(x)$$

となる．これが時間微分から求めた全エネルギーと一致するため，

$$-\frac{1}{2m}\hbar^2 \frac{\frac{d^2}{dx^2}\Psi}{\Psi} + V(x) = i\hbar \frac{\frac{d}{dt}\Psi}{\Psi} \tag{4.12}$$

となる．あるいは，$\Psi$ をかけて，

$$-\frac{1}{2m}\hbar^2 \frac{d^2}{dx^2}\Psi + V(x)\Psi = i\hbar \frac{d}{dt}\Psi \tag{4.13}$$

と表される．これがシュレーディンガー[**Schrödinger**]の波動方程式で，これを満たす $\Psi$ があれば，そこに電子が存在し，

$$\bar{\Psi}\Psi \tag{4.14}$$

が電子の密度（存在確率）を示す．図 4.4 に波動方程式の作り方をまとめる．

**例題 4.1**　電子の波動関数が $\Psi = Ae^{-x}e^{i\omega t}$ のとき，電子の存在確率がどのように変化するのかを $x$ の関数で表しなさい．

**解答**　電子の存在確率は，式 (4.14) によりそのまま得られる．$\Psi$ の式をそのまま代入して，

## 4章 シュレーディンガーの波動方程式

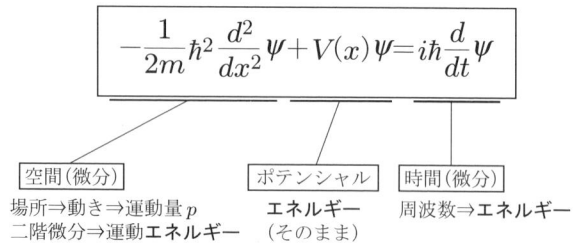

**図 4.4** 波動方程式の成り立ち

$$\overline{\Psi(x,t)}\Psi(x,t) = Ae^{-x}e^{+i\omega t} \times Ae^{-x}e^{-i\omega t} = A^2 e^{-2x}$$

となる．したがって，電子の存在確率は $e^{-2x}$ 比例し，$x$ が増加するほど減少することになる．

**例題 4.2** 電子の波動関数が $\Psi(x,y,z,t) = e^{-(x^2+y^2+z^2)+i(2x-3t)}$ のとき，この電子のエネルギーを求めなさい．

**解答** 電子のエネルギーは波動関数の時間での微分から，式 (4.5) によって求められる．問題の式を代入すると，

$$E = i\hbar \frac{\frac{d}{dt}\Psi}{\Psi} = i\hbar \frac{\frac{d}{dt}e^{-(x^2+y^2+z^2)+i(2x-3t)}}{e^{-(x^2+y^2+z^2)+i(2x-3t)}}$$

$$= i\hbar \frac{-3i\{e^{-(x^2+y^2+z^2)+i(2x-3t)}\}}{e^{-(x^2+y^2+z^2)+i(2x-3t)}} = 3\hbar$$

となる．もちろん，$\Psi(x,y,z,t) = e^{-(x^2+y^2+z^2)+i(2x-3t)}$ の $t$ の係数から，角周波数3の波であることを読み取り，式 (4.3) に代入してもかまわない．

題意の式 $\Psi(x,y,z,t) = e^{-(x^2+y^2+z^2)+i(2x-3t)}$ は，原点の近くに電子が分布する波動関数を想定したものである．エネルギーを考える場合には，$\Psi$ の大きさは関与しないため，$e^{-(x^2+y^2+z^2)}$ の部分にはかかわらず，時間の係数だけから求めることができる．

## 演習問題

**4.1** 電子の波動関数が図 4.5 のようになった．(a) と (b) を，電子の密度と運動量

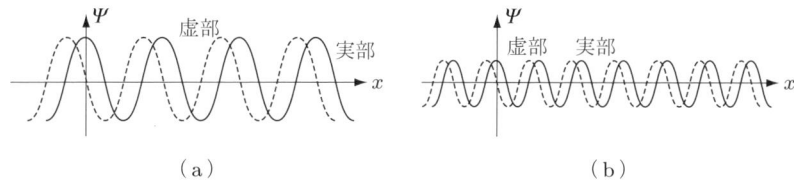

図 4.5

に注目して比較しなさい.ただし,$\Psi$ は実数部分を実線,虚数部分を破線 (- - - -) で示す.

**4.2** 1 [eV] の運動エネルギーをもった電子の波数 $k$ の大きさはいくらか.

**4.3** $0 \leqq x \leqq 1$ [nm],$0 \leqq y \leqq 1$ [nm],$0 \leqq z \leqq 1$ [nm] の範囲のみに電子が存在する場合の波動関数の例を一つ示しなさい.

# 5章

# 原子の軌道

波動方程式を用いると,波として存在する電子の居場所とそのエネルギーを計算することができる.その最初の応用は,単純な原子の周りに存在する電子のエネルギーであろう.

本章では,水素原子をはじめとする各原子における電子の軌道とそのエネルギーについて述べる.

## 5.1 水素原子の解析

ずっと同じ原子がもっており,時間が経ってもなくなったりしない電子の場合は,図 5.1 のように,波動関数 $\Psi(x,t)$ から時間の関数を分離し,**場所だけの**

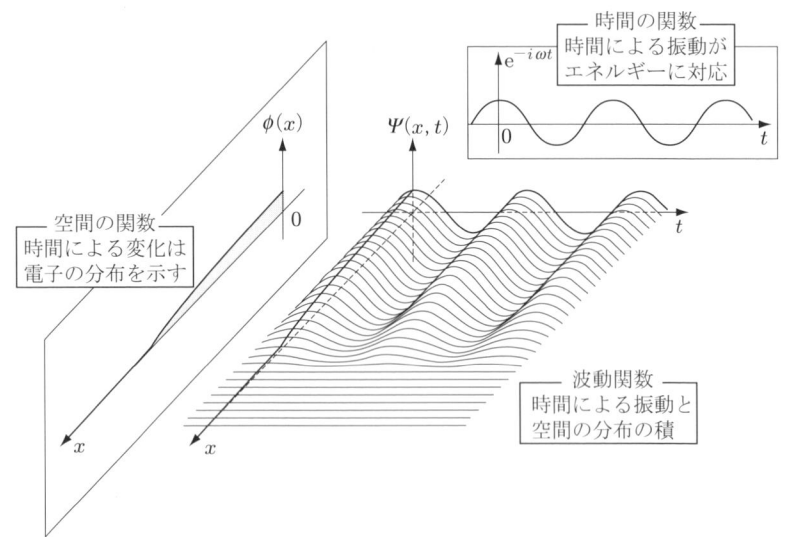

図 **5.1** 波動関数の時間の因子の分離

## 5.1 水素原子の解析

関数 $\phi(x)$ を用いて計算する．すなわち，定常的に存在する電子の波動関数では，時間の関数としては定在波で $Ae^{-i\omega t}$ と絶対値が一定で振動するだけの関数であるため，シュレーディンガーの波動方程式，

$$-\frac{1}{2m}\hbar^2 \frac{d^2}{dx^2}\Psi(x,t) + V(x)\Psi = i\hbar\frac{d}{dt}\Psi(x,t) \tag{5.1}$$

において，$\Psi(x,t)$ を関数 $\phi(x)$ に $e^{-i\omega t}$ をかけて，場所と時間を分けた形式で，

$$\Psi(x,t) = \phi(x)e^{-i\omega t} \tag{5.2}$$

と簡単に記述することができる．このとき，ある場所 $x$ において，

$$\overline{\phi(x)}\phi(x) \tag{5.3}$$

が電子の密度を示すこととなる．この $\phi(x)$ から電子の空間分布を考えよう．

式 (5.2) のように定めると，$e^{-i\omega t}$ は時間だけの関数であり，$x$ で微分するときは定数として扱ってよいため，式 (5.1) の左辺は，

$$\begin{aligned}
&-\frac{1}{2m}\hbar^2 \frac{d^2}{dx^2}\Psi(x,t) + V(x)\Psi(x,t) \\
&= -\frac{1}{2m}\hbar^2 \frac{d^2}{dx^2}\{\phi(x)e^{-i\omega t}\} + V(x)\phi(x)e^{-i\omega t} \\
&= \left\{-\frac{1}{2m}\hbar^2 \frac{d^2}{dx^2}\phi(x) + V(x)\phi(x)\right\}e^{-i\omega t}
\end{aligned}$$

と，波動関数の $\Psi(x,t)$ を $\phi(x)$ で置き換えた式に $e^{-i\omega t}$ をかけたものになる．右辺は，$\phi(x)$ が時間によらないことから，

$$\begin{aligned}
i\hbar\frac{d}{dt}\Psi(x,t) &= i\hbar\phi(x)\frac{d}{dt}e^{-i\omega t} = i\hbar\phi(x)(-i\omega)e^{-i\omega t} \\
&= \hbar\omega\phi(x)e^{-i\omega t} = E\phi(x)e^{-i\omega t}
\end{aligned}$$

となって，電子のエネルギーに $\phi(x)$ と $e^{-i\omega t}$ をかけたものとなる．したがって，式 (5.1) は，

$$\left\{-\frac{1}{2m}\hbar^2 \frac{d^2}{dx^2}\phi(x) + V(x)\phi(x)\right\}e^{-i\omega t} = E\phi(x)e^{-i\omega t} \tag{5.4}$$

となる. ここで, $e^{-i\omega t}$ は両辺にあって, ゼロではないため,

$$-\frac{1}{2m}\hbar^2 \frac{d^2}{dx^2}\phi(x) + V(x)\phi(x) = E\phi(x) \tag{5.5}$$

と書き換えられる. これが時間に依存しない波動方程式である. なお, $\phi(x)$ は場所の関数, E は場所にもよらない定数である. ただし, 実際の原子の解析では, 波は $x$ 方向だけでなく, 空間の全方向に立っているため, $x$, $y$, $z$ 全部の方向への二階微分を計算することとなる（付録 C 参照）. したがって, 図 5.2 にあるように,「電子のポテンシャルと運動エネルギーが全エネルギーに等しい」として電子の存在する場所とエネルギーが求められる.

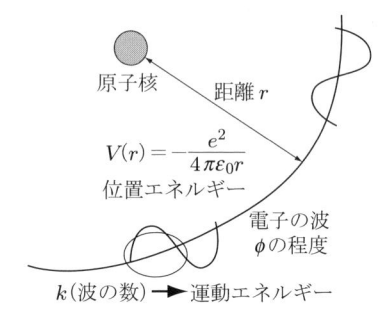

図 5.2　方程式の意味

**例題 5.1**　ポテンシャルエネルギー $V(x)$ が常にゼロの空間に, エネルギー E の電子が存在する場合, 一次元で時間的によらない波動関数 $\phi(x)$ はどのような関数になるか.

**解答**　波動方程式, 式 (5.5) に $V(x) = 0$ を代入すると,

$$-\frac{1}{2m}\hbar^2 \frac{d^2}{dx^2}\phi(x) = E\phi(x) \tag{5.6}$$

と $\phi(x)$ の二階線形の微分方程式が得られる. この方程式の一般解は,

$$\phi(x) = Ae^{\alpha ix} + Be^{-\alpha ix} \tag{5.7}$$

となる. ただし, $A$, $B$ は任意の定数である. $\alpha i$ および $-\alpha i$ は, 方程式

$$-\frac{1}{2m}\hbar^2\alpha^2 = \mathrm{E}$$

の解であることから，

$$\alpha = \frac{\sqrt{2m\mathrm{E}}}{\hbar} \tag{5.8}$$

となる．この波動関数は，空間的に振動する波であるが，

$$\overline{\phi(x)}\phi(x) = A^2 + B^2 = 定数 \tag{5.9}$$

となって，電子はこの空間内に一様に分布していることを示す．さらに，

$$\cos\theta = \frac{\mathrm{e}^{i\theta} + \mathrm{e}^{-i\theta}}{2}, \qquad \sin\theta = \frac{\mathrm{e}^{i\theta} - \mathrm{e}^{-i\theta}}{2i}$$

であることから，式 (5.7) は，

$$\phi(x) = A'\cos\alpha x + B'\sin\alpha x \tag{5.10}$$

とも書き換えられる．ただし，$A'$, $B'$ は任意の定数である． ∎

**例題 5.2** ポテンシャルエネルギーがある空間で，

$$V(x) = V \qquad (ただし，\ V は定数) \tag{5.11}$$

であるとき，その空間内でエネルギー E の電子の波動関数 $\phi(x)$ はどのような関数になるか．

**解答** 波動方程式は，

$$-\frac{1}{2m}\hbar^2\frac{d^2}{dx^2}\phi(x) = (\mathrm{E} - V)\phi(x) \tag{5.12}$$

となる．解の波動関数は，式 (5.7) と同様に，任意の定数 $A$, $B$ を用いて，

$$\phi(x) = A\mathrm{e}^{\beta x} + B\mathrm{e}^{-\beta x} \tag{5.13}$$

となる．

$\beta$ の値は，$\mathrm{E} > V$ なら，

$$\beta = \frac{\sqrt{2m(E-V)}}{\hbar}i \tag{5.14}$$

となり,前問と同様にこの空間に一様に分布する電子の定在波が存在する.

一方,$E < V$ なら,

$$\beta = \frac{\sqrt{2m(V-E)}}{\hbar} \tag{5.15}$$

となって,$\beta$ が実数であるため,式 (5.13) は空間的に減衰する波となる.■

## 5.2 原子軌道とエネルギー

水素原子について,式 (5.5) を満たす $\phi(x)$ や E は多数あるが,それらは表 5.1 のように,$\phi(x)$ と E の組み合わせの形式になる.すなわち,この位置に分布している電子はこのエネルギーをもつという関係 である.また,このときのエネルギー E は整数の 2 乗分の 1 の定数倍となり,水素原子の発光スペクトルと一致する.ただし,電子の分布として,球対称の関数となる波(s 軌道)の他に,方向性のある波(2p, 3p, 3d 軌道など)がみられる.なお,p 軌道には $x, y, z$ 方向の三つが存在する.

表 5.1 水素原子の軌道の計算結果

| エネルギー | 軌道の形($\overline{\phi}\phi$ がある値以上の場所の概念図) | | |
|---|---|---|---|
| $-13.6\,[\mathrm{eV}] \times \frac{1}{1^2}$ | 1s 電子 | | |
| $-13.6\,[\mathrm{eV}] \times \frac{1}{2^2}$ | 2s 電子 | 2p 電子 | |
| $-13.6\,[\mathrm{eV}] \times \frac{1}{3^2}$ | 3s 電子 | 3p 電子 | 3d 電子 |

## 5.3 価電子の役割

　これらの電子の波はずっとその軌道に存在するため，電子の定在波となる．各軌道の定在波の特徴をまとめると表 5.2 のようになる．なお，電子は「各軌道に一つの電子しかとりえない」というパウリ [Pauli] の排他律に従う．ただし，電子にスピンとよばれる量子数があり，スピンアップとスピンダウンの 2 種類の軌道がある．このため，s 軌道に 2 個，p 軌道にも $x, y, z$ 方向の 3 方向ごとに 2 個の合計 6 個の電子が入れることになる．

表 5.2 電子の定在波の形と波

| 名称 | 定在波の形 | 波の数 |
|---|---|---|
| s | ぐるっと回るような方向の定在波<br>（電子 2 個収容可） | 波一つ（第 1 準位）⇒ 1s 準位<br>（通常の水素原子はここに電子が一つ．）<br>波二つ（第 2 準位）⇒ 2s 準位<br>（電子にエネルギーを与えると入る．）<br>波三つ（第 3 準位）⇒ 3s 準位<br>波四つ（第 4 準位）⇒ 4s 準位 |
| p | $x, y, z$ どちらかの方向に存在する波（電子 6 個収容可） | （第 1 準位なし．）<br>波二つ ⇒ 2p 準位<br>波三つ ⇒ 3p 準位<br>波四つ ⇒ 4p 準位 |
| d | s や p の波の空き間を埋める波<br>（電子 10 個収容可） | （第 1 準位，第 2 準位なし．）<br>波三つ ⇒ 3d 準位<br>波四つ ⇒ 4d 準位 |

　電子を一つしか含まない水素原子の場合は，波の数が同じ準位であれば，s 軌道と p 軌道，d 軌道は同じエネルギーとなる．しかし，それより大きい原子では，より内側の軌道にある電子の影響で，s 軌道より p 軌道の方が浅いエネルギーとなり，電子を捕まえておく能力が小さくなる．簡単にまとめると，1s が一番エネルギーが深く安定で，そのつぎに，2s, 2p, 3s, 3p, 4s, そして 3d となる．

## 5.3 価電子の役割

　原子に入っている電子の数は，原子番号と同じ数しかないため，深い方の準位から電子は埋まっていき，あるところから先の軌道には電子が入らなくなる．このとき一番エネルギーの浅い準位にいる電子が化学的に活性で，価電子とよ

ばれる．たとえば，原子が電子の授受によってイオンになる反応では，この価電子がやり取りされる．したがって，価電子がどのような電子かということが重要である．また，ほとんどの物質は複数の原子が結合して分子を形成する．実際の物質では，どのような結合をしているかが化学的，物理的，電気的性質などに重大な影響を及ぼす．付録Dで代表的な元素の価電子についてまとめる．

**演習問題**

**5.1** 図5.3のように高さ$V$の障壁の左側から入射する電子のエネルギーをEとする．EがVより大きい場合の電子の振る舞いを調べなさい．

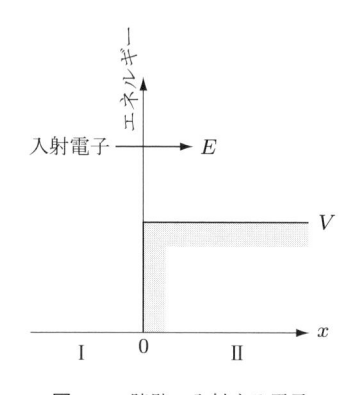

図 5.3 障壁へ入射する電子

**5.2** 例題5.2において，$E<V$の場合，式(5.15)は$x$が大きくなると$\phi(x)$が無限大に発散する．式(5.15)の波動関数が存在できるためにはどのような条件（境界条件）が必要か．

**5.3** 付録Cも参考のうえ，元素の周期表において同一族の元素（例NaとK，CとSi，FとClなど）の性質が類似しているのはなぜか考えなさい．

# 6章

# 原子の結合と結晶

　原子が集まって固体を形成するには，原子間に結合が必要である．これが化学結合である．原子が整然と一定間隔に周期的に並んだ場合には結晶になり，乱れた場合には非晶質（アモルファス）になる．

　本章では，原子の結合方法について述べる．

## 6.1　化学結合

　原子と原子の間では，表 6.1 に示すように化学結合を生じる．この結合は原子間の斥力と引力がつり合うことによって成立する．原子に対するポテンシャルエネルギーは原子間の距離によって変化するが，図 6.1 のように，ある距離においてポテンシャルエネルギーが最小となるため，原子は一定の間隔で化学結合を生じる．斥力は原子の閉殻にある電子軌道の重なり，原子核間の反発，価電子相互間の反発などがある．原子間の引力は価電子が担っていることが多く，この価電子が電子の化学的性質を決定する．事実上価電子のない希ガス，$s$ 原子が一つのアルカリ金属，電子が 1，2 個空いているハロゲンや酸素などが典型例である．また，どのような結合をしているかが物質の硬さ，反応性，電気的性質などに重大な影響を及ぼす．

表 6.1　原子間の結合と結晶

| 種　類 | 結合の概要 | 代表的な例 |
|---|---|---|
| イオン結合 | イオン間のクーロン力 | NaCl，HCl など |
| 共有結合 | 原子軌道の共有 | ダイヤモンド，Si，有機物質 |
| 金属結合 | 自由電子の共有 | Na，Ag，Cu など |
| ファンデルワールス力 | 分子の間のわずかな力 | $GaS_2$，Ar の結晶など |
| 水素結合 | 水素と陰性原子間の力 | $H_2O$ の結晶，$NH_4$，$HF_2$ 結晶など |

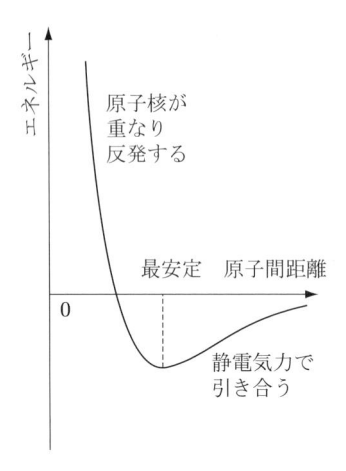

図 6.1 イオン結合の原子間距離

## （1）イオン結合

NaClなどの結合では，双方の原子がイオンになって，静電気力で引き合っている．しかし，あまり近づくと原子核同士が反発するため，図6.2（a）に示すように，各イオンは電子の分布が広がっている範囲（電子雲）がその大きさと考えられるが，プラスイオンは小さめ，マイナスイオンは大きめになる．また，両者の間には電子の密度が小さい領域がある．固体は絶縁体である．

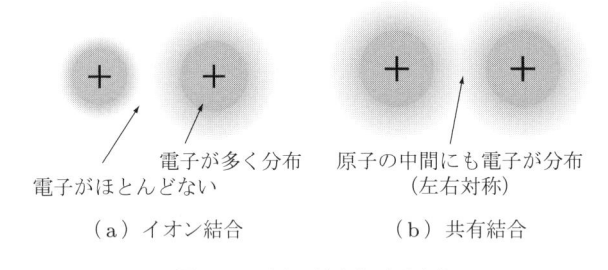

（a）イオン結合　　　　（b）共有結合

図 6.2　原子の結合と電子分布

## （2）共有結合

多くの単体など，電気的性質の同じか近い原子が結合する場合には，共有結合をとる．共有結合は量子力学的な力に基づく結合である．すなわち，波動関数の広がりにより電子が複数の原子電子軌道を共有することによって生じる結

合である．両方の原子を結びつけるのは，スピン交換相互作用といったもので説明される．$s$ 軌道でも 2 個の電子が入るが，全く同一の電子軌道 2 個が存在するのではない．各軌道には，スピンアップとスピンダウン双方の電子が入ることができるが，どちらかのスピンの電子 1 個で存在するよりも，両方の電子 2 個が共存した方が安定になる．このエネルギーは 5 [eV] 程度（水素分子の場合）と大変大きいため，分子を二つに分けるのは非常に困難なものとなる．水素分子などのほかに，メタンやベンゼンなどの有機化合物，ゲルマニウムやシリコンの結晶がこの共有結合に属する．電気的には絶縁体に近い性質を示す．図 6.2 (b) に共有結合の電子分布を示す．共有結合の場合には，原子間の領域に電子が多く存在する．

## （3）金属結合

大抵の金属は，価電子が一つ，あるいは二つの原子で，弱い結合力の密度が高い結晶構造となる．図 6.3 のように，価電子については，ほとんど原子核（イオン）に束縛されずに結晶中を動き回っている．この電子は**自由電子**ともよばれる．この電子がイオン化された原子を結びつける．この場合は 電子の波が広がっている範囲を超えて電子が移動すると考えられるため，粒子である電子が動き回ると考えてよい．

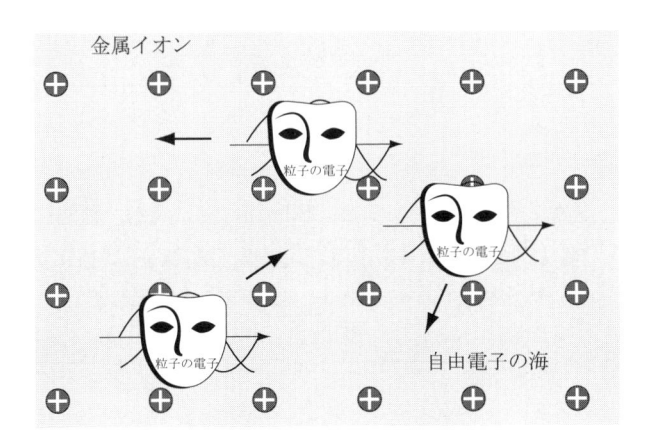

図 6.3　金属中の自由電子

## 6.2 結晶構造

多くの物質は，気体や液体の状態からゆっくり温度を下げていくと，きれいに原子が並んで結晶となる．物質によっては透明で宝石のようになることもある．また，身の回りの金属のように，特にきれいな形を取らない物質でも，小さい結晶がたくさん集まって形成されているものもある．また，結晶では，原子は規則正しく並んでいる．その原子の間隔は**格子定数**とよばれ，その大きさは 0.1〜0.3 [nm] くらいと非常に小さい．

図 6.4 に，典型的な原子の並び方の例（面心立方格子）を示す．金属などの結晶では，多くの原子が高い密度で並んだ方が結合力は増す．そのため，原子で構成された立方体の六つの面にさらに 1 個ずつ原子が入り込み原子密度を増やした面心立方格子が多く見られる．図中の太い実線部分を単位格子とよぶ．

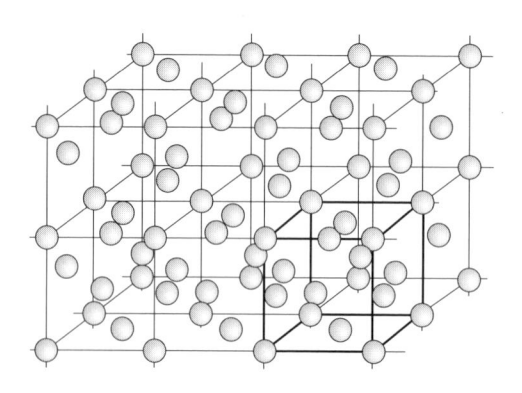

図 **6.4** 面心立方格子（金属など）の例

結晶はこの単位格子が多数並ぶことで構成されているが，例外的なケースとして，図 6.5 の**ダイヤモンド構造**があり，ダイヤモンド，半導体シリコン，半導体ゲルマニウムなどがよく知られている．一つの原子に注目すると，(b) のように正四面体の頂点方向に結合する隣の原子が存在する．炭素の四つの価電子が互いにもっとも離れるように正四面体の頂点方向に結合の手を広げ，このような結晶構造となる．この場合は，共有結合ができやすいように結晶構造が決まっており，原子の密度は小さく，ダイヤモンドやシリコンは大変軽いが，結合は強く，硬く，高融点となる．

(a) 単位格子　　　　　(b) 正四面体配位

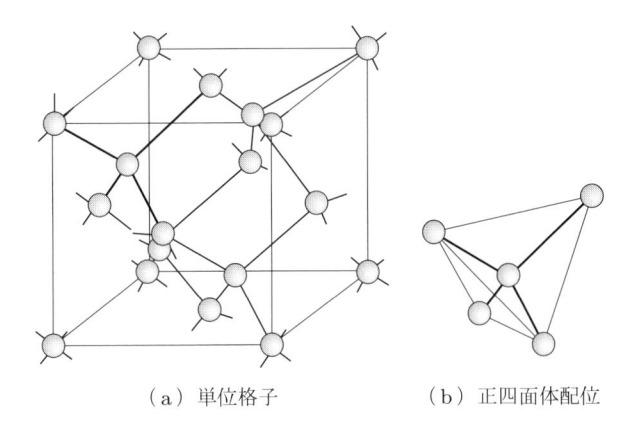

図 6.5　ダイヤモンド構造

## 演習問題

**6.1**　炭素（ダイヤモンド），シリコン，ゲルマニウム結晶はダイヤモンド構造をもち，図 6.5(a) の立方体（単位格子）の一辺の長さ（格子定数とよばれる）が，それぞれ，0.356 [nm]，0.543 [nm]，0.565 [nm] である．それぞれの結晶における最短の原子間距離はいくらか．

**6.2**　図 6.1 のように化学結合には最安定な原子間距離がある．ダイヤモンドよりもシリコンの格子定数が大きいのはなぜか．

**6.3**　金属ナトリウムでは，Na 原子のどの原子軌道の電子が動いて電流を流すと思われるか．

# 7章

# 周期的ポテンシャル

固体結晶中の電子は，原子核のポテンシャルの中で安定に存在する波（定在波）として存在する．このような結晶中の電子の動きについても波動方程式を解くことで求められる．

本章では，簡単な周期的ポテンシャルを導入し，結晶中で電子のエネルギーについて考え，電子の取ることのできるエネルギー（**許容帯**）と電子の取れないエネルギー（**禁制帯**）が存在することを示す．

## 7.1 自由電子のエネルギー

固体中では電子は本質的には波動として振舞うので，電子の運動を正確に扱うには，電子の波動方程式，

$$-\frac{1}{2m}\hbar^2 \frac{d^2}{dx^2}\phi(x) + V(x)\phi(x) = \mathrm{E}\phi(x) \tag{7.1}$$

を用いて論じなければならない．ここでは，もっとも簡単な例として，ポテンシャルの制約を受けず自由に存在する電子について考える．この場合，式 (7.1) で，$V(r)$ をゼロにすると簡単に計算できる（例題 5.1 参照）．結果的に，$\phi$ は波数 $k$ を用いて，

$$\phi(x) = A\mathrm{e}^{ikx} \tag{7.2}$$

となる．なお，$A$ は任意の複素数の定数である．このとき，エネルギー E は，

$$\mathrm{E} = \frac{\hbar^2 k^2}{2m} \tag{7.3}$$

となる．図 7.1 のように，波数が多く空間的に振動する波ほどエネルギーが大

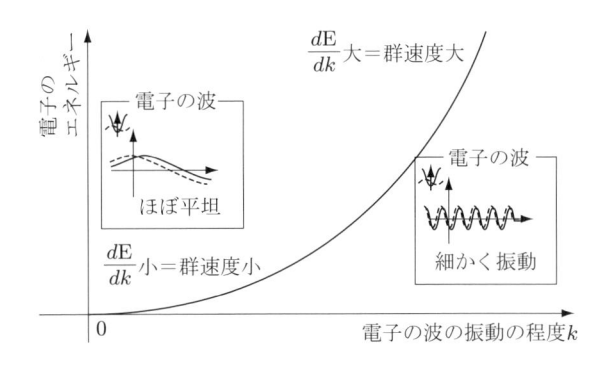

**図 7.1** 自由電子のエネルギー

きく，自由電子では電子のエネルギーがどのような値でも取れる．

## 7.2 ブロッホの定理

結晶中の電子について考えよう．ここでは，簡単のため一次元のモデルで考える．結晶内では，原子核が間隔 $a$ で周期的に並んでいるため，そのポテンシャル $V(x)$ も $a$ を周期とした関数である．すなわち，

$$V(x+a) = V(x) \tag{7.4}$$

となり，図 7.2 のように原子間隔ごとに繰り返している．このとき，電子はどの原子にも同じような密度で分布しているため，

$$|\phi(x+a)| = |\phi(x)| \tag{7.5}$$

となる．ここで，この両者の比は，絶対値が 1 であるため，ある $k$ を用いて，

$$\frac{\phi(x+a)}{\phi(x)} = e^{ika}$$

と表すことができる．ここで，$k$ を用いたのは，$a$ だけ $x$ 方向に移動している波を考えると，波数 $k$ を用いて，このように表されるためであり，

$$\phi(x+a) = \phi(a)e^{ika} \tag{7.6}$$

となる．さらに，この $\phi$ は原子 1 個ごとに定義された**周期関数** $u(x)$ を用いて，

## 7章 周期的ポテンシャル

$$\phi(x) = u(x)e^{ikx} \tag{7.7}$$

ただし，

$$u(x+a) = u(x) \tag{7.8}$$

と表される（付録 E 参照）．このことは<u>固体中の電子は自由空間における平面波 $e^{ikx}$ に結晶の周期関数 $u(x)$ をかけたもの</u>で，図 7.2 のように表されることを示している．これを**ブロッホ [Bloch] の定理**といい，関数 $u(x)$ を**ブロッホ関数**とよぶ．

（a）周期的ポテンシャル

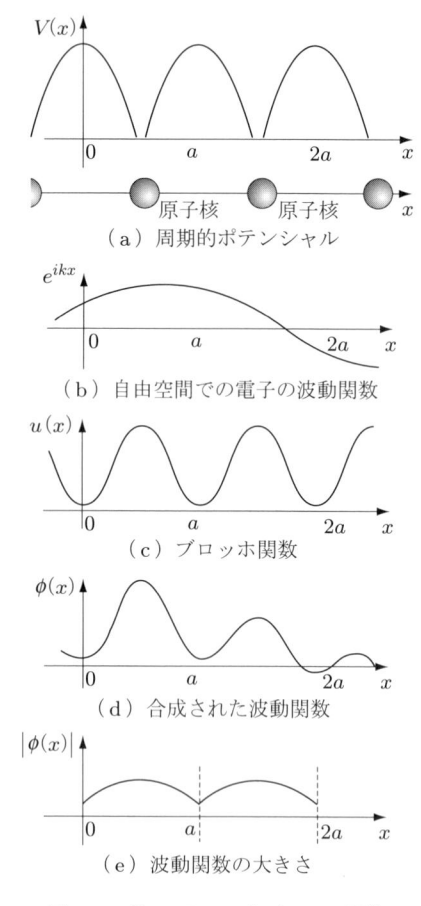

（b）自由空間での電子の波動関数

（c）ブロッホ関数

（d）合成された波動関数

（e）波動関数の大きさ

図 **7.2** ポテンシャルとブロッホ関数

**例題 7.1** 図 7.3 の一次元のモデルで，A，B，C の 3 点はともに原子核の中間点を示す．
(1) A 点で波動関数が $\phi_A = 1$，B 点で $\phi_B = i$ であったとき，C 点での波動関数はいくらか．
(2) D 点，E 点ともに波動関数 $\phi$ が 1 であったとき，F 点での波動関数はいくらか．

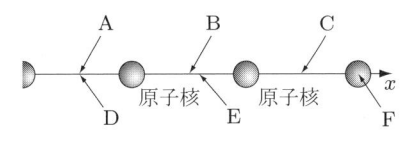

図 7.3

**解答** (1) ブロッホの定理より，

$$\frac{\phi_B}{\phi_A} = e^{ika} = i$$

となるが，C についても同様に，

$$\frac{\phi_C}{\phi_B} = e^{ika} = i$$

となるため，$\phi_C = -1$ となる．
(2) ブロッホの定理は，原子一つ分の変位に対して，式 (7.6) の関係を示しており，各原子内の周期関数をかけて波動関数が得られる．したがって，D 点，E 点の波動関数からだけでは，F 点での波動関数は求められない． ■

## 7.3 クローニッヒ–ペニーのモデル

固体中の原子が作るポテンシャルを，方形の一次元ポテンシャルで近似し，電子の状態を考察したのがクローニッヒ–ペニー [Krönig–Penny] のモデルである．ここでは，さらに，単純化し，図 7.4 のように原子が間隔 $a$ を隔てて規則的に並んでおり，原子の境界のごく狭い領域で，電子のエネルギーが無限大，これ以外の場所で電子のエネルギーがゼロになると考えよう．シュレーディンガーの波動方程式 (7.1) は，$0 < x < a$ で，

## 7章 周期的ポテンシャル

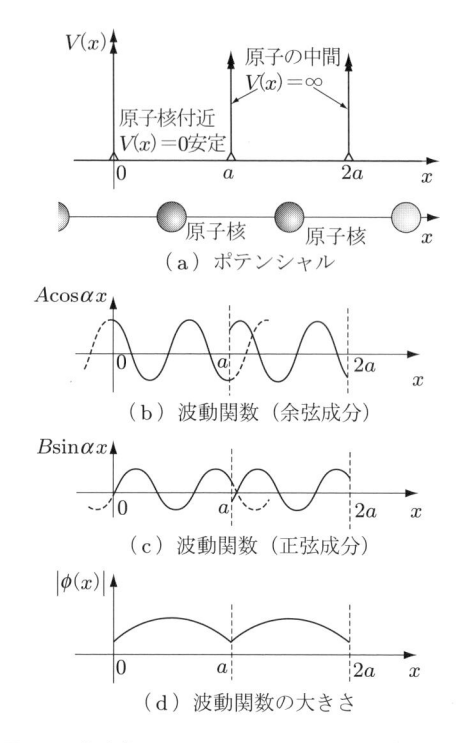

**V(x)** のグラフ:
- 原子核付近 $V(x)=0$ 安定
- 原子の中間 $V(x)=\infty$
- 位置: $0$, $a$, $2a$

（a）ポテンシャル

（b）波動関数（余弦成分） $A\cos\alpha x$

（c）波動関数（正弦成分） $B\sin\alpha x$

（d）波動関数の大きさ $|\phi(x)|$

図 **7.4** 簡略化されたクローニッヒ–ペニーのモデル

$$-\frac{1}{2m}\hbar^2\frac{d^2}{dx^2}\phi(x) = \mathrm{E}\phi(x) \tag{7.9}$$

となる．これを満たす $\phi$ は一般的に，

$$\phi(x) = A\cos\alpha x + B\sin\alpha x \tag{7.10}$$

と表される．ただし，$A$, $B$ は複素数または実数の定数である．また，

$$\alpha = \frac{\sqrt{2m\mathrm{E}}}{\hbar} \tag{7.11}$$

である．ここで，ブロッホの定理を用いると，

$$\phi(a) = \phi(0) \times \mathrm{e}^{ika} \tag{7.12}$$

であるため，これと式 (7.10) から，

## 7.3 クローニッヒ-ペニーのモデル

$$A\cos\alpha a + B\sin\alpha a = Ae^{ika} \tag{7.13}$$

となる必要がある．さらに，$\phi$ の導関数については，$x=0$ の近傍で，障壁が小さい場合は，

$$\left.\frac{d\phi(x)}{dx}\right|_{x=a} = \left.\frac{d\phi(x)}{dx}\right|_{x=0} \times e^{ika} \tag{7.14}$$

として，

$$-A\sin\alpha a + B\cos\alpha a = Be^{ika}$$

となる．しかし，障壁がある程度大きいと，有限の（0 や無限大でない）実数 $P$ を用いて，

$$-A\sin\alpha a + B\cos\alpha a = \left(-\frac{2P}{\alpha a}A + B\right)e^{ika} \tag{7.15}$$

のようになる（付録 F を参照のこと）．この，式 (7.13) と式 (7.15) を同時に満たす解は，$A$, $B$ ともにゼロがあるが，係数行列式がゼロになるとき，すなわち，

$$\begin{vmatrix} \cos\alpha a - e^{ika} & \sin\alpha a \\ -\sin\alpha a + \dfrac{2P}{\alpha a}e^{ika} & \cos\alpha a - e^{ika} \end{vmatrix} = 0 \tag{7.16}$$

のとき，この方程式は不定解をもち，ゼロでない $\phi$ が存在する．ここで，$2e^{ika}$ がゼロでないことに注意すると，

$$\cos ka = \cos\alpha a + P\frac{\sin\alpha a}{\alpha a} \tag{7.17}$$

となる．これを満たす波数 $k$ とエネルギーに関連する項 $\alpha$ の組み合わせが存在するとき，その分布とエネルギーで電子が存在できる．

図 7.5 に式 (7.17) の右辺を $\alpha a$ に対してプロットする．式 (7.17) の左辺は余弦関数で，$-1$ から 1 までの値しか取らないため，図中の太線の部分の $\alpha a$ しか対応する波数 $k$ が存在しないことになる．さらに，$k$ に対し，$\alpha$ から求めたエ

**42** 7章 周期的ポテンシャル

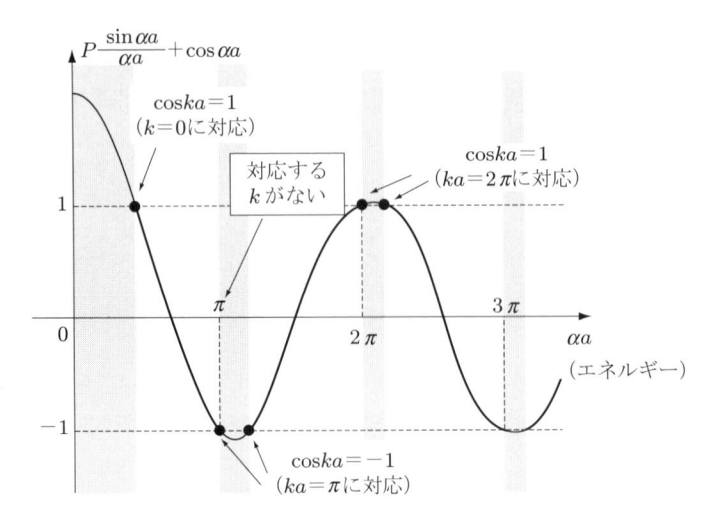

図 **7.5** 式 (7.18) を満足する $k$ と $\alpha$

ネルギー E を示すと，図 7.6 のようになり，

$$ka = n\pi \quad (n = 1, 2, 3, \cdots) \tag{7.18}$$

という $k$ 前後で電子のエネルギーが不連続に変化し，この間のエネルギーの電子の波は存在できない．電子の存在できるエネルギー帯を許容帯，存在しえないエネルギー帯を禁制帯という．また，波数 $k$ の小さい方から第1ブリュアンゾーン (Brillouin zone)，第2ブリュアンゾーン，…とよばれている．

**例題 7.2** クローニッヒ-ペニーの模型を用いて，禁制帯の大きさ（図 7.6 において $k = \pi/a$ のところで電子のエネルギーが不連続となる幅）が格子定数 $a$ の増加とともに減少することを示しなさい．

**解答** 図 7.5 より式 (7.17) の左辺 $\cos k\alpha$ が $-1$ になるところで禁制帯の上端，下端のエネルギーが決まっている．したがって，禁制帯のエネルギーは，方程式

$$\cos \alpha a + P \frac{\sin \alpha a}{\alpha a} = -1$$

の解のうち $\alpha a$ の小さいもの二つの差である．したがって，これを満たす $\alpha$, あ

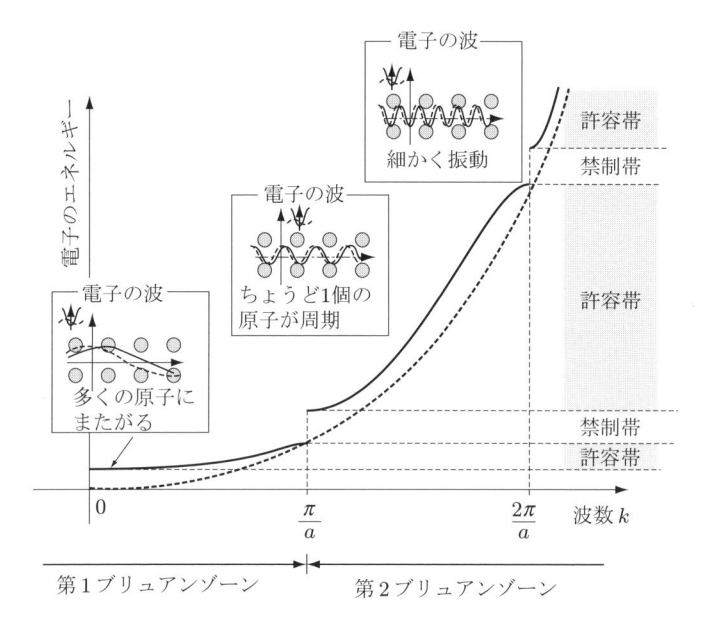

図 7.6 電子の波数とエネルギーおよびブリュアンゾーン

るいは禁制帯の上下での $\alpha$ の差は，格子定数 $a$ に反比例する．また，$\alpha$ は，式 (7.11) よりエネルギーの平方根であるため，禁制帯のエネルギーは格子定数が増加するのに従って減少する傾向が示唆される． ∎

## 演習問題

**7.1** 式 (7.15) の変数 $P$ がゼロの場合，電子のエネルギーには禁制帯が現れないことを示しなさい．

**7.2** 式 (7.15) の変数 $P$ が十分に大きい場合は，どのような原子の状態を表していると考えられるか．

**7.3** 禁制帯の生成は結晶の性質にどのような影響を与えるか．

# 8章

# 粒子の統計

　多くの電子が存在すると，それらの電子はあらゆる方向にいろいろな速さで移動している．そのとき，われわれが観測するのは，個々の電子の動きではなく，全体の平均値である．すなわち，外部に観測される物理量は，これらの電子の統計的平均値であり，統計的な扱いが必要となる．この統計的な扱いは光子の扱いにも応用できる．

　本章では，理想気体の分子の速度から，マクスウェル–ボルツマン統計，および電子の扱いに重要なフェルミ–ディラック統計などについて述べる．

## 8.1 温度はエネルギー

　理想気体の圧力 $p$，体積 $V$，モル数 $n$，絶対温度 $T$ の関係は，気体定数 $R$ を用いて，

$$pV = nRT \tag{8.1}$$

と表される．分子の群れの半分が毎秒 $v_x$ の速度で壁に向かってくるため，$N_0$ をアボガドロ数として

$$(壁に当る分子数) = \frac{1}{2}\frac{nN_0}{V}v_x$$

となる．このときの運動量の変化は $2mv_x$ なので，

$$(壁の感じる圧力) = \frac{1}{2}\frac{nN_0}{V}v_x \times 2mv_x = \frac{nN_0}{V}mv_x{}^2$$

となる．しかし，実際には，多数の分子の統計であるため，$v_x{}^2$ の全部の分子の平均を $\langle v_x{}^2 \rangle$ とすると，

$$p = \frac{nN_0}{V}m\langle v_x^2\rangle$$

となる．ここで，$x$ 方向，$y$ 方向，$z$ 方向の運動エネルギーの平均が等しいとすると，

$$p = \frac{1}{3}\frac{nN_0}{V}m\langle v^2\rangle \tag{8.2}$$

となる．式 (8.1) と式 (8.2) を比較して，

$$\langle v^2\rangle = 3\frac{RT}{Nm}$$

が得られる．ここで，運動エネルギーの平均 E を求めると，

$$\mathrm{E} = \frac{1}{2}m\langle v^2\rangle = \frac{3}{2}\frac{R}{N}T = \frac{3}{2}k_B T \tag{8.3}$$

とエネルギーが絶対温度に比例することがわかる．ただし，$k_B$ はボルツマン定数とよばれ，$T = 300\,[\mathrm{K}]$ において，

$$k_B T = 0.026\,[\mathrm{eV}] \tag{8.4}$$

である．したがって図 8.1 のように温度はエネルギーを表す．

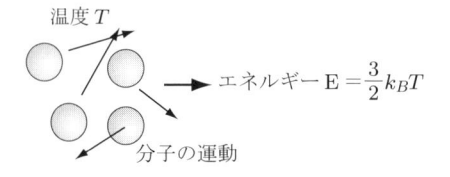

図 **8.1** 温度はエネルギー

## 8.2 マクスウェル–ボルツマン統計

各分子を考えると $x$, $y$, $z$ 方向に自由な速度をとっており，式 (8.3) から，それらの平均が

$$\langle v^2\rangle = \frac{3k_B T}{m} \tag{8.5}$$

となる.ここで,一つの分子の速さの2乗が,ある $v^2$ になる確率を $F(v^2)$ と定義すると,

$$F(v^2) = F(v_x{}^2 + v_y{}^2 + v_z{}^2)$$

と各方向への速度成分の二乗の和で表される.もちろん,分子1個はいずれかの速度をとるため,すべての速度範囲で積分すれば,

$$\int_{\text{すべての速度}} F(v^2) dv = 1 \tag{8.6}$$

となる.ここで,$v_x$ と $v_y$ と $v_z$ は互いに独立であるとすると,

$$\begin{aligned} F(v^2) &= F(v_x{}^2 + v_y{}^2 + v_z{}^2) \\ &= (\text{定数}) \times F(v_x{}^2) \times F(v_y{}^2) \times F(v_z{}^2) \end{aligned}$$

とかける.この性質を示す関数は,指数関数であるため,

$$F(v^2) = A e^{Bv^2}$$

となる.ただし,$A$, $B$ は未知の定数である.ここで,$v^2 \to \infty$ で,$F(v^2) \to 0$ になるはずなので,$B$ は負の値となる.式 (8.6) から,

$$\int F(v^2) dv = A \left( \frac{\pi}{-B} \right)^{\frac{3}{2}} = 1$$

となるため,全体のエネルギー E を求めると,

$$\text{E} = \int \frac{1}{2} m v^2 \times F(v^2) dv = \int \frac{1}{2} m v^2 \times \left( \frac{-B}{\pi} \right)^{\frac{3}{2}} e^{Bv^2} dv$$

と $v$ に依存した運動エネルギーにそのエネルギーになる確率 $F(v^2)$ を掛けて積分したものになる.この場合も $x$, $y$, $z$ 方向全部に積分する.これを,式 (8.5) と比較すると,マクスウェル-ボルツマンの分布則

$$F(v^2) = \left( \frac{m}{2\pi k_B T} \right)^{\frac{3}{2}} e^{-\frac{1}{k_B T} \frac{1}{2} m v^2} = \left( \frac{m}{2\pi k_B T} \right)^{\frac{3}{2}} e^{-\frac{\text{E}}{k_B T}} \tag{8.7}$$

が得られる．一般的に，系のエネルギー E に対して，

$$\text{エネルギー E となる確率} = Ae^{-\frac{E}{k_B T}} \tag{8.8}$$

となる．ただし $A$ は定数である．この確率を E に対して示すと図 8.2 のようになる．エネルギーの増加とともに確率（分布）は減少するものの，平均すると $k_B T$ となる関数である．

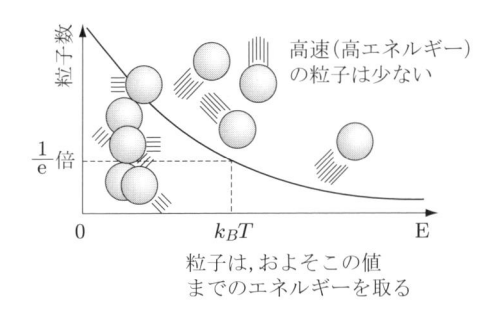

**図 8.2** マクスウェル–ボルツマンの分布関数

## 8.3 フェルミ–ディラック統計

電子などの粒子は**フェルミ粒子**とよばれ，フェルミ–ディラック統計という考え方が必要である．電子については，一つの状態をとる電子は 1 個または 0 個という制限（パウリの排他律）がある．この場合は一番低いエネルギーの電子も 1 個のみで，絶対零度でも，最低のエネルギーからあるエネルギー（フェルミレベル）までの状態を電子が占める．温度が上昇すると，系全体のエネルギーが $k_B T$ にしたがって上昇し，いくつかの電子はフェルミレベルよりも高いエネルギーとなる．逆に，フェルミレベルよりも低いエネルギーで電子が存在しない状態も出現する．

絶対温度 $T$ での各エネルギーの状態に対して電子が占める確率 $f(E)$ を解析しよう．全体で $N$ 個の電子があったとすると，これらの電子は，平均が温度で決まるエネルギーになるようなどんな組み合わせでも同じ確率をとる．$f(E)$ は $k_B T$ によって変化する．エネルギー E を電子が占めていない（この状態が空席となる）確率を $A$ とすると，逆に電子が占めている確率は，

$$Ae^{-\frac{E-E_F}{k_B T}}$$

となる．フェルミレベルまでのエネルギーであれば，この状態を電子が占める組み合わせの方が多いため，このような式になる．このとき，$f(E)$ は

$$f(E) = \frac{1}{1 + e^{\frac{E-E_F}{k_B T}}} \tag{8.9}$$

となる．これをフェルミ-ディラックの分布関数という．図 8.3 にエネルギーに対する関数 $f(E)$ の変化を示す．なお，$f(E)$ は電子が占める確率であり，電子数そのものではない．エネルギーが低い状態は電子がほぼ完全に占めるため，$f(E)$ は 1 に近い．$E_F$ よりもずっと大きいエネルギーをとる確率はほぼゼロである．関数 $f(E)$ は $E_F$ の前後で急激に変化し，低温ほどこの傾向は顕著である．さらに詳細に述べると，室温付近では，$E_F$ の前後 $k_B T$ ほどのエネルギーで電子の占める確率が 1 から 0 へと変化する．

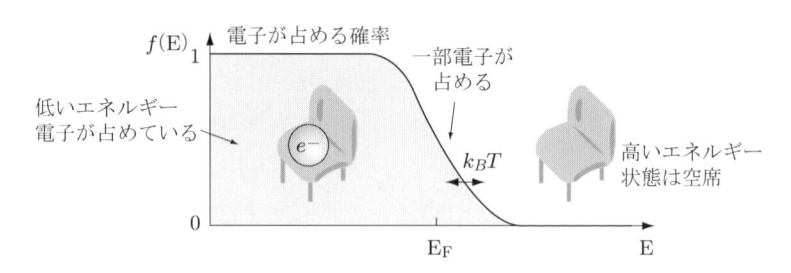

図 8.3 フェルミ-ディラックの分布関数

**例題 8.1** エネルギー E が $E_F$ よりも十分に大きいとき，フェルミ-ディラックの分布関数は，マクスウェル-ボルツマンの分布関数で近似できることを示しなさい．

**解答** $E - E_F \to \infty$ の場合のフェルミ-ディラックの分布関数は，

$$f(E) = \frac{1}{1 + e^{\frac{E-E_F}{k_B T}}} = \frac{e^{-\frac{E-E_F}{k_B T}}}{e^{-\frac{E-E_F}{k_B T}} + 1} \to e^{-\frac{E-E_F}{k_B T}}$$

となり，エネルギーの項を $E - E_F$ としたマクスウェル-ボルツマン分布で近

似できる．なお，この場合の E が $E_F$ より十分に大きいとは，$E - E_F$ が $k_B T$ の数倍以上の場合である． ∎

## 8.4 ボーズ–アインシュタイン統計

パウリの排他律に従わないフォトン（光子）や，次章で述べるフォノンなどの粒子は，ボーズ–アインシュタイン統計に従う．これらの粒子をボーズ粒子とよぶ．このとき，あるエネルギーを占める粒子の割合は，

$$f(E) = \frac{1}{e^{\frac{E-E_F}{k_B T}} - 1}$$

となる．この統計は，超伝導現象の理論的解析などに不可欠である．

### 演習問題

**8.1** 室温（300 [K]）において，フェルミレベルよりも 0.1 [eV] 高いエネルギーをとる電子状態は，どのくらいの割合で電子によって占められていると考えられるか．

**8.2** フェルミレベルより 0.1 [eV] 低いエネルギーの電子状態を電子が占める割合は，温度とともにどのように変化するか．

**8.3** エネルギー E が十分に大きいとき，フェルミ–ディラック統計とボーズ–アインシュタイン統計の差が無視できることを示しなさい．

# 9章

# 格子振動と熱

固体中の原子は熱エネルギーのため格子点のまわりを微小に振動している．この熱振動は気体分子の場合とは異なり，一つひとつの原子が独立に運動するのではなく，周囲の原子と調和を保ちながら運動しており，原子の格子が動いているように見られることから格子振動とよばれる．この振動は，結晶の中を波として伝搬する．この波には縦波と横波があるが，さらに，振動の様式として光学様式と音響様式の2種類がある．格子振動は熱的性質のみならず光の吸収・反射や固体の電気伝導に影響を与え，特に移動度を低下させるキャリアの散乱要因として重要な物理現象である．

本章では，格子振動の音響様式と光学様式の違いを示し，熱伝導への寄与についても述べる．

## 9.1 格子振動の様式

本節では，二種類の原子が交互に並んだ格子をモデルに格子振動の様式について述べる．

図9.1のように質量 $M$, $m$ の原子が交互に間隔 $a/2$ を隔てて並んでいるものとする．質量 $M$ の原子の変位（格子位置からのずれ）を $u_1$, $u_3$, $u_5$, $\cdots$，質量 $m$ の原子の変位を $u_0$, $u_2$, $u_4$, $\cdots$ などとする．簡単のため，ここでは隣の原子との間のみで，変位の差に比例する復元力が加わると仮定しよう．このとき，各原子に対する運動方程式は，

$$M\frac{d^2 u_{2N+1}}{dt^2} = \alpha(u_{2N+2} - u_{2N+1}) + \alpha(u_{2N} - u_{2N+1}) \quad (9.1)$$

$$m\frac{d^2 u_{2N}}{dt^2} = \alpha(u_{2N+1} - u_{2N}) + \alpha(u_{2N-1} - u_{2N}) \quad (9.2)$$

9.1 格子振動の様式 **51**

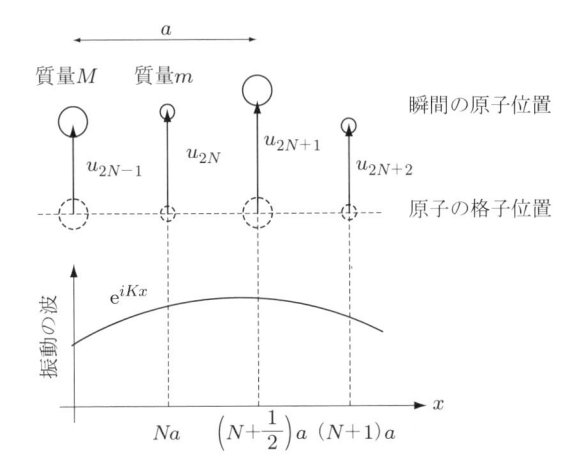

**図 9.1** 格子の振動と波の定義

となる．なお，$\alpha$ は 2 原子間のバネ定数にあたる定数である．また，これらの式は縦波，横波いずれの場合にも用いることができるが，$\alpha$ の値は縦波と横波では異なる．

この結晶中を波数 $K$ の格子振動の波，

$$u(x) = A\mathrm{e}^{i(Kx-\omega t)}$$

が伝わる場合について考える．$u(x)$ は，$u_1$, $u_2$, $u_3$, $\cdots$ の添字の部分を原子位置 $x$ で，

$$x = \frac{a}{2} \times N$$

と置き換えた関数である．このときの原子の様子を図 9.1 に示す．ここで，質量 $M$ の原子と質量 $m$ の原子で振る舞いが異なるため，

$$u_{2N+1} = A\mathrm{e}^{i\{K(2N+1)\frac{a}{2}-\omega t\}} \tag{9.3}$$

$$u_{2N} = B\mathrm{e}^{i\{K(2N)\frac{a}{2}-\omega t\}} \tag{9.4}$$

となる．ここで，$A$, $B$ は定数であり，0 でない $A$, $B$ が存在するとき，その $K$ と角周波数 $\omega$ の格子振動が存在できる．式 (9.1)～(9.4) より，

$$-\omega^2 A = \frac{\alpha}{M}(B\mathrm{e}^{\frac{iKa}{2}} - A) + \frac{\alpha}{M}(B\mathrm{e}^{-\frac{iKa}{2}} - A) \tag{9.5}$$

$$-\omega^2 B = \frac{\alpha}{m}(Ae^{\frac{iKa}{2}} - B) + \frac{\alpha}{m}(Ae^{-\frac{iKa}{2}} - B) \tag{9.6}$$

となる．ここで，$A$, $B$ ともに 0 以外の解をもつ条件は，式 (9.5), (9.6) が不定解をもてばよいので，係数の行列式

$$\begin{vmatrix} -2\dfrac{\alpha}{M} + \omega^2 & \dfrac{2\alpha \cos \frac{Ka}{2}}{M} \\ \dfrac{2\alpha \cos \frac{Ka}{2}}{m} & -2\dfrac{\alpha}{m} + \omega^2 \end{vmatrix} = 0 \tag{9.7}$$

から，

$$\omega^2 = \alpha\left(\frac{1}{M} + \frac{1}{m}\right) \pm \alpha\sqrt{\left(\frac{1}{M} + \frac{1}{m}\right)^2 - \frac{4\sin^2 \frac{Ka}{2}}{Mm}} \tag{9.8}$$

となる．条件を満たすすべての波数 $K$ に対して $\omega$ は二つの値をもつ．式 (9.8) で複号の正の方を取ると，式 (9.5) より $A$ と $B$ の符号が逆になる．これは 質量 $M$ の原子と質量 $m$ の原子が逆の方向に振動している ことを示す．

## 9.2　フォノンとそのエネルギー

格子振動も波であり，その波のエネルギーをもった 1 束の波束として結晶中に存在する．この波束は 1 個，2 個と数えられるものであるため，格子振動も量子であり，フォノン (phonon) とよばれる．フォノンのエネルギーは角周波数 $\omega$ から，

$$E = h\nu = \hbar\omega \tag{9.9}$$

となる．図 9.2 にフォノンの波数 $K$ とエネルギーの関係を示す．なお，式 (9.8) は $\omega^2$ の関数であることに注意を要する．波数が 0 から $\pi/a$ までに注目すると，フォノンのエネルギーは $K$ に対して二つある．一つは波数 $K$ にあまり依存しないもの（光学様式，または光学フォノン），もう一つは波数 $K$ の増加とともにエネルギーの増加するもの（音響様式，または音響フォノン）である．

光学様式では，電気双極子が発生するため電磁波である光との相互作用があ

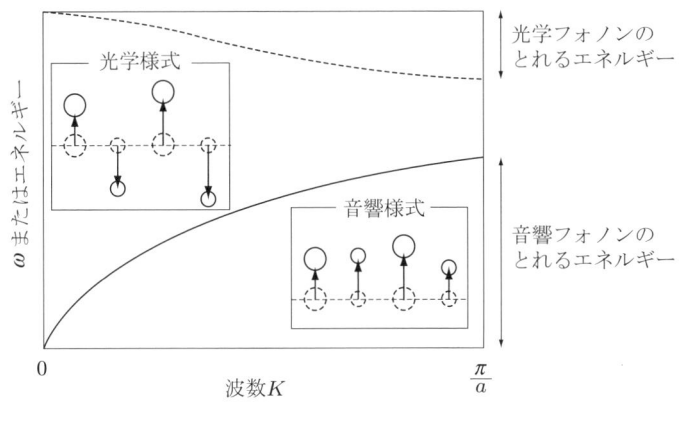

図 9.2 フォノンの分散

る．これが光の吸収や反射に寄与する．また，ここでは二種類の原子からなる結晶を想定したが，実際には単一原子からなる結晶（シリコン単結晶など）であっても，結晶格子が複数の原子の配列を基本に考える必要があるため，音響様式と光学様式のフォノンが発生する．また，図 9.2 に示すようにフォノン 1 個のエネルギーは光学様式，音響様式ごとに取りうる値が決まっており，その間の値を取れない．

## 9.3 絶縁体の熱伝導

通常の固体に電流を流すと発熱がある．集積度の高い大規模集積回路では放熱をいかに工夫し，温度上昇を抑えるかが重要な課題である．このため，電気的には絶縁体でかつ放熱の良いセラミックがよく用いられる．一般には熱は格子振動であるため，フォノンの伝搬は熱を伝導させる．また，電子，正孔といったキャリアもエネルギーを運び，格子振動を励起するため熱を伝えるが，導電率の高い金属などは熱伝導がよい．一方，絶縁体では，電子や正孔による熱伝導が少ないため，もっぱら格子振動により熱伝導が起こる．格子振動による熱伝導度 $\kappa_{ph}$ は，体積あたりの比熱 $C$，フォノンの速さ $v_{ph}$，フォノンの平均自由行程 $l_{ph}$ を用いて，

$$\kappa_{ph} = \frac{C}{3} v_{ph} l_{ph} \tag{9.10}$$

と表される．$v_{ph}$ はフォノンの群速度であるが，$l_{ph}$ は電子などが動いて電流を流す場合と同様に格子の欠陥や他のフォノンとの衝突などによる散乱の影響を受ける量であり，ガラス状の物質で小さく，良好な結晶（ダイヤモンド，単結晶シリコンなど）で大きい値となる．表 9.1 にいくつかの物質の熱伝導率を示す．また，$\kappa_{ph}$ は温度によって大きく変化する．

表 9.1　固体の熱伝導率

| 物　質 | 温度 [K] | 熱伝導率 [W/cm ℃] |
|---|---|---|
| 銀（Ag） | 273 | 4.18 |
| アルミニウム（Al） | 273 | 2.38 |
| ダイヤモンド（C） | 273 | 6.6 |
| グラファイト（C） | 273 | 0.80 (//) |
|  |  | 2.5 (⊥) |
| シリコン単結晶（Si） | 273 | 1.60 (//) |
|  |  | 1.86 (⊥) |
| 酸化アルミニウム（$Al_2O_3$） | 373 | 0.30 |
| 板ガラス |  | 約 0.01 |
| ステンレススチール |  | 約 0.2 |

## 演習問題

**9.1**　$M = m$ の場合，光学様式と音響様式の間のエネルギーのギャップが現れないことを示しなさい．

**9.2**　式 (9.8) において $M \neq m$ ならば，条件を満たす $\omega$ が二つ存在することを示しなさい．

**9.3**　格子振動において縦波と横波では，格子の変位の方向が異なり，バネ定数に相当する $\alpha$ の値が異なる．$M \neq m$ の場合，格子振動の様式はいくつあると思われるか．

**9.4**　シリコン結晶などで方向によって熱伝導率が異なるのは，式 (9.10) のどの変数の値が違うためだと考えられるか．

**9.5**　ダイヤモンドの熱伝導率が大きいのはなぜか．

# 10章

# 金属の電気的性質

 金属では,価電子が結晶中の原子核(金属イオン)の中を自由に動けるため,電流をよく流す.この性質から,導体とよばれる.結晶の乱れの少ないきれいな結晶が電流をよく流す.

 本章では,金属の導電率(どれだけ電流を流すか)と電子のエネルギーについて述べる.電子の移動を考えるとき,運動量の大きい,すなわち波数の大きい電子が電流を運ぶことになる.したがって,電子のエネルギーの高いフェルミレベル付近のエネルギーの電子が重要である.

## 10.1 導電率

 電流は電子が流れることによって発生する.導電率 $\sigma$ は,一辺が 1 [cm] の立方体を考えて,1 [V] あたり何 [A] の電流を流すかで定義され,単位は,$[\Omega^{-1}\mathrm{cm}^{-1}]$ である.$\sigma$ は,

$$\sigma = en\mu \tag{10.1}$$

と表わされるが,$e$ は電子の電荷,$n$ は**キャリア**(自由に動ける電子)の密度,$\mu$ は電子の**移動度**であり,電界 1 [V/cm] のとき何 [cm/s] の速度で電子が走れるかを表す量である.すなわち,図 10.1 (a) のように,電流は電子というバスに乗って運ばれる.一台に乗れる人数(電荷)は電子の電荷 $e = 1.6 \times 10^{-19}$ [C],バスの台数が $n$(単位は $[\mathrm{cm}^{-3}]$)となり,1 立方センチあたり何台のバスがいるかを表す.このバスの運行速度は移動度 $\mu$ と電界 $E$ に比例する.(b) のように,道(結晶)が凸凹で,電界をかけても,行く手を阻まれると,バスの速度は上がらないため,速度は電界 $E$ と道のきれいさを表すパラメータ移動度 $\mu$ の積で得られる.参考までに,きれいな結晶(a)では,走るバスの数(電子数)が

(a) きれいな結晶　　　　　　　　(b) 欠陥の多い結晶

図 **10.1**　電子バス（仮称）運行中

少なくても，移動度が大きいため，(b) よりは導電率が高いものと考えられる．

つぎに，どのような結晶が凸凹かについて考える．(b) では欠陥の多い結晶としたが，きれいな結晶とは，結晶格子に乱れがなく，同じ原子が同じ規則できれいに並んだ状態をいい，原子種が変わる，規則性が壊されるといった欠陥の多い結晶が凸凹な道である．

このような結晶中では，電子バスがどのように走行するか（結晶格子中の電子がどう移動するか）を考えよう．まず，注意すべきことは，きれいな結晶の格子は電子の移動を妨げないことである．図 10.2 にきれいな結晶と欠陥のある結晶中の電子の伝搬の様子を示す．先のバスの例で考えると，電子の波は数原子以上の大きさに広がり，結晶格子は電子バスのタイヤの大きさより小さい凸凹となる．一方，結晶に欠陥が入ると，電子の波を妨げ，電子の波を散乱する．したがって，電子（波）を妨げるのは，結晶に欠陥のある場所で，たとえば異物の

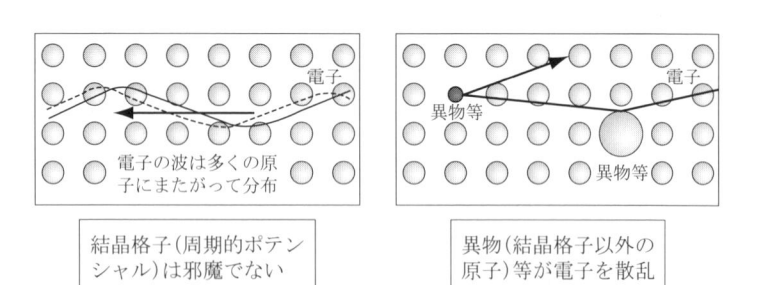

(a) きれいな結晶　　　　　　　　(b) 欠陥のある結晶

図 **10.2**　電子の散乱原因

原子がある場合や，逆に格子原子が一つない場所などとなる．

つぎに，温度による抵抗上昇について考える．温度が上がると，原子核も振動する．このとき，原子核の位置が元の定位置からずれる．これも異物のように電子を散乱する．また，電子が止まっていた原子核を揺り動かし，前章で述べたフォノンを励起してしまうことも電子の運動を邪魔する．

## 10.2 熱平衡とドリフト

電界の有無による電子の運動の変化を考えよう．電子（価電子）は自由になっており，絶対零度でなければ，気体の分子のように結晶中を動く．これは電界のないときにも起こる．

図 10.3 に欠陥のある結晶中の電子の速度を概念的に示す．（a）の **電界のないときは，電子は熱で動いているだけで一種の平衡にあるため，熱平衡状態という**．このとき，1 個 1 個の電子は，上に動いたり，右に動いたり，下，左に動いたりするため，全体の合計としては電子の動き（電流）はないことになる．

一方，この結晶に電界をかけると，電界と反対方向に電子が移動しやすくなる．このときも，速い電子，遅い電子，四方に動く電子が存在するが，電界の反対方向により多くの電子が動き，個々の電子について長時間平均しても，また電子全体で平均しても，いくらかの電流が流れることになる．（b）にも四方に向いた速度をもつ電子が存在するが，右向きの電子が多い（大きい）傾向が見られる．この電子の移動を**ドリフト**とよぶ．

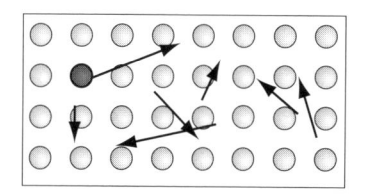

| 電子の運動エネルギーはあるが，速度はまちまち | ばらつきはあるが，電界方向に進む電子が多い |
|:---:|:---:|
| （a）電界のない状態 | （b）電界のあるとき |

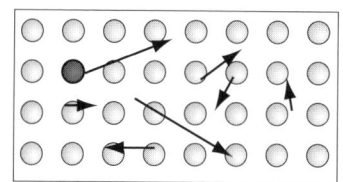

図 **10.3** 電界の有無と電子の速度

## 10.3 金属の電子のエネルギーとフェルミレベル

金属中の電子のエネルギーを考える．内殻電子はそれぞれ固有のエネルギーに量子化され，価電子の準位は**価電子帯**を形成する．

図 10.4 に金属の内殻準位，価電子帯の電子の座席とそこに座っている電子を示す．電子は安定な内殻準位から埋めていく．s 軌道だと 2 個ずつ，p 軌道だと 6 個ずつ座席のある内殻準位はすべて電子が座っている．1 原子あたり 1〜3 個の価電子は内殻準位の座席には座れず，不安定な価電子帯の座席に座ることになる．価電子は，安定な価電子帯の下の方から順に電子の座席に座っていく．

しかし，金属の場合は価電子帯の途中で電子が終わってしまう．このとき，大雑把に電子の座る一番上の座席がフェルミレベルである．

より正確には，絶対零度で，フェルミレベルより下の座席は電子で満席，フェ

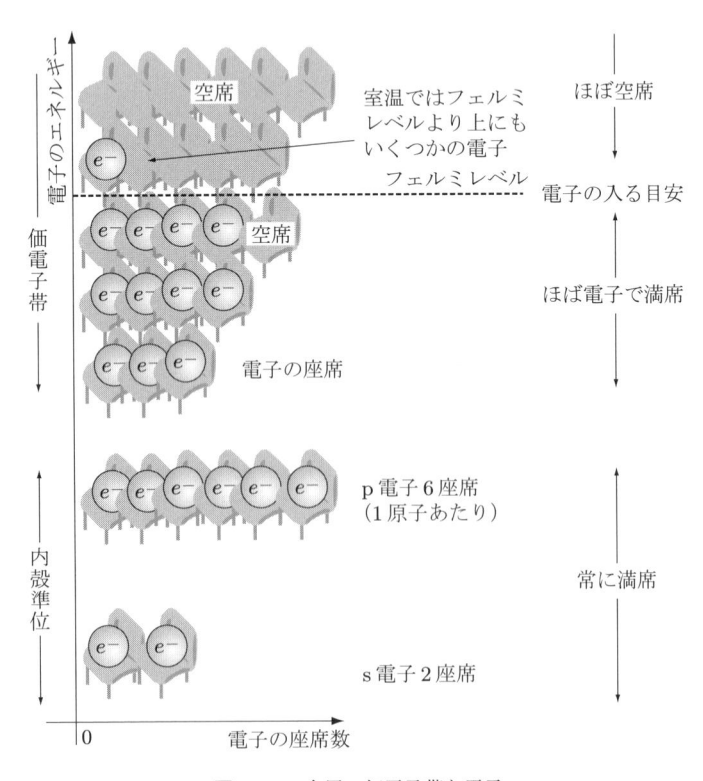

図 **10.4** 金属の価電子帯と電子

ルミレベルより上の座席はすべて空席となる．温度が上昇すると，わずかながら，フェルミレベルよりも上のエネルギーをもつ（座席に座る）電子や，フェルミレベルよりも下の空席が存在し，温度が上昇するとそれらが増える．このフェルミレベルより上のエネルギーの電子は，数としてはわずかであるが，きわめて重要な電子である．すなわち，内殻はもちろん，すべての座席を埋めている価電子帯のエネルギーの電子も流れないため，フェルミレベル近傍の電子だけが電気伝導を司ることになる．

電子の座席は，実は電子の取りうる「状態」で，エネルギーごとの電子の座席数は，電子の状態密度とよばれる．また各状態密度のどれだけを電子がうめているかの割合（電子の座席数に対する座っている電子の割合）は，フェルミ－ディラックの分布関数 $f(\mathrm{E})$ に従う．分布関数 $f(\mathrm{E})$ は，

$$f(\mathrm{E}) = \frac{1}{e^{\frac{\mathrm{E}-\mathrm{E}_F}{k_B T}} + 1}$$

である．ただし，$\mathrm{E_F}$ はフェルミレベルのエネルギー，$k_B$ はボルツマン定数，$T$ は絶対温度である．図 8.3 に示したように，この関数は，フェルミレベル $\mathrm{E_F}$ の近辺で急激に 1 から 0 へと減少する．室温では，$k_B T$ の値は約 26 [meV] となり，この範囲にフェルミレベルより大きいエネルギーの電子が存在する．実際の価電子の座席数はエネルギーに依存するため，この電子の座席数に，分布関数 $f(\mathrm{E})$ を掛けることでエネルギー E の電子の数が得られる．

## 10.4 動ける電子

電子の波の運動量 $p$ は

$$p = \hbar k$$

と表される．$k$ は電子の波数である．エネルギーはスカラーだが，$k$ も $p$ もベクトル量で，どの方向に波が振動しているかで，電子の波の運動方向（速度の方向）が決まる．簡単のため 2 次元で議論すると，電子のエネルギー E は，

$$\mathrm{E} = \frac{1}{2m}p^2 = \frac{\hbar^2}{2m}k^2 = \frac{\hbar^2}{2m}(k_x{}^2 + k_y{}^2)$$

**図 10.5** 熱平衡時と電圧印加時での電子の波数の変化

(a) 電界なし  
(b) $x$ 方向に電界

図中ラベル：熱平衡状態／フェルミレベル／非平衡状態／波数分布全体が右側にシフトする／電子は $x$ 方向に流れる／エネルギーの低い電子は動いていない

となる．電子はフェルミレベル $E_F$ 以下のエネルギーを占めているとすると，

$$\frac{\hbar^2}{2m}(k_x{}^2 + k_y{}^2) \leq E_F \tag{10.2}$$

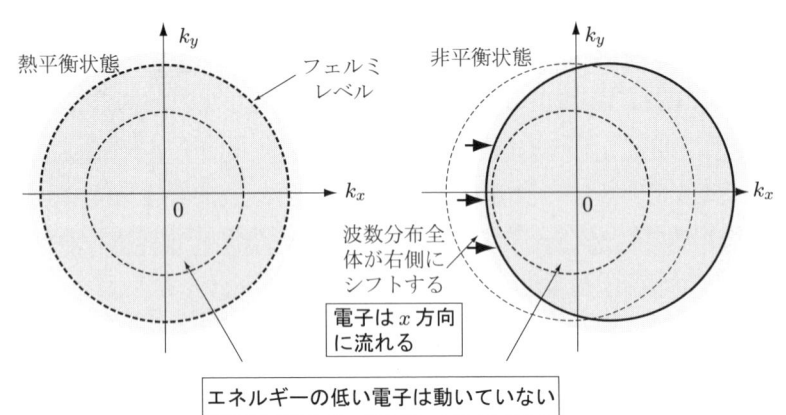

となる．図 10.5（a）にこの電子の波数を示す．電子はすべての方向の波数をもつものがある．室温では，フェルミレベルで決まる円より少し溢れている．しかし，平均すると，

$$\langle k_x \rangle = \langle k_y \rangle = 0 \tag{10.3}$$

となって，電子は動かない．

一方，$x$ 軸方向に電界をかけると，（b）のように波数 $k$ の分布は変化し，$k$ の平均でみると，

$$\langle k_x \rangle > 0 \tag{10.4}$$

全体にシフトし，$x$ 方向に電流が流れる．さらに注意してみると，フェルミレベルよりずっと低いエネルギーの電子（図 10.5 の原点付近の破線の円内の電子）の分布は電圧の印加で変化せず，全部の状態を電子が埋める．このエネルギーの電子の平均では，

$$\langle k_x \rangle = 0 \tag{10.5}$$

となる．これは隙間なく埋まった低いエネルギー状態の電子は電気伝導に寄与しないことを示す．したがって，電界をかけた場合に移動でき，電流を流すのはフェルミレベル近傍のエネルギーの電子のみである．

**例題 10.1** 銅の結晶の抵抗率が $1.6 \times 10^{-6}$ [Ωcm]，価電子の数が，$8.5 \times 10^{22}$ [cm$^{-3}$] であった．この銅の電子の移動度はどのくらいになるか．

**解答** 10.4 節に述べたとおり，すべての価電子が伝導に寄与しているわけではないため，正確な値は議論できないが，この $8.5 \times 10^{22}$ [cm$^{-3}$] の平均の移動度を考えることにする．この銅の導電率 $\sigma$ は，抵抗率の逆数であるため，

$$\sigma = (1.6 \times 10^{-6})^{-1} = 6.25 \times 10^5 \ [\Omega^{-1}\text{cm}^{-1}]$$

である．式 (10.1) より，

$$\mu = \frac{\sigma}{en} = \frac{6.25 \times 10^5}{1.6 \times 10^{-19} \times 8.5 \times 10^{22}} = 46 \ [\text{cm}^2 \text{V}^{-1}\text{s}^{-1}]$$

となる．ただし，この値は少なめに見積もっていると思われる．■

### 演習問題

**10.1** 音響機器において，配線に無酸素銅がよく用いられるのはなぜか．

**10.2** 1 原子の価電子の数が通常 1 個である銅の電気抵抗が低いのはなぜか．

**10.3** 温度を上昇させるとフェルミレベルよりも大きいエネルギーの電子の数は増えるが，導電率は必ずしも上昇しない．10.2 節の議論を参考にこの理由を考えなさい．

# 11章

# 半導体の導電現象

今日のエレクトロニクスの発展は半導体技術の進歩に負うところが大きい．ショックレーらによって半導体を用いたトランジスタが発明されて以来，トランジスタは広く用いられてきた．現在では LSI をはじめ多くの半導体素子が開発され，電子回路を安価に，かつ小型に実現できる技術が確立している．

本章では，半導体の基本的な性質について触れる．

## 11.1 導電率の温度特性

シリコンやゲルマニウム結晶はそれらの電気的性質から半導体とよばれる．半導体は，金属などの導体の半分だけ電流を流すのではなく，「電流を流す状態」と「電流を流さない状態」の両方をとる特別な物質である．すなわち，半導体のエネルギーバンド構造では，**価電子帯**と**伝導帯**の間に $1\,[\mathrm{eV}]$ ほどの大きさの**禁制帯**がある．

この禁制帯の効果により，特徴的な電気伝導特性を示す．導電率 $\sigma$ は，半導体の場合も金属の場合と同様で，キャリア密度 $n$ とキャリアの移動度 $\mu$ を用いて，

$$\sigma = en\mu \tag{11.1}$$

と表される．ただし，$e$ は電子の電荷である．金属の場合は $n$ がいつも大きい値のため，室温でも電流をよく流す．

一方の半導体は，図 11.1 ( a ) のように，低温では非常に高抵抗で電流をほとんど流さないが，室温では少し電流を流す．この特性を定量的に表すと，

$$\sigma = \sigma_0 \mathrm{e}^{-\frac{\mathrm{E_a}}{k_B T}} \tag{11.2}$$

となる．$\sigma_0$ は定数で，十分に大きい温度での導電率であり，$\mathrm{E_a}$ は**活性化エネル**

## 11.1 導電率の温度特性

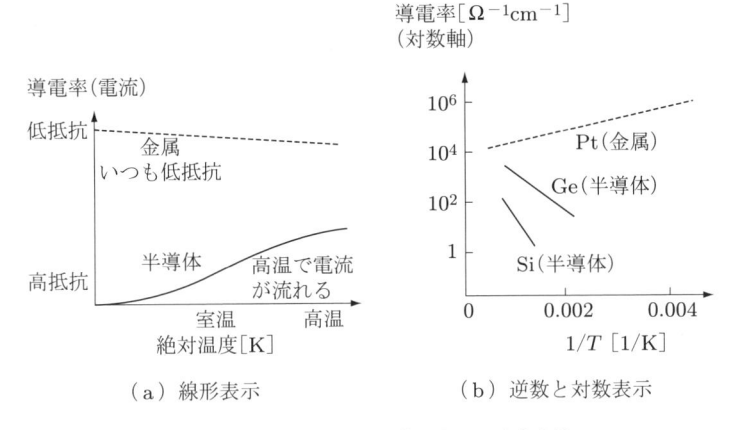

**図 11.1** 金属と半導体の導電率の温度依存性

(a) 線形表示
(b) 逆数と対数表示

ギーとよばれ，キャリアの出にくさを表す量（キャリア発生に要するエネルギーに関係し，単位は [eV]）である．また，純粋なシリコンは大変高い抵抗を示し，ほぼ絶縁体だが，不純物を加えると電流を流すようになる．この式では，導電率が温度の逆数の指数関数となっている．

（b）のように，横軸を温度の逆数，縦軸を導電率の対数表示とすると，半導体の導電率が右下がりの直線で表示される．また，活性化エネルギーは，グラフの傾きから容易に求められる．ただし，（b）の左側ほど高温であり，（a）と同じ温度特性を示していることに注意が必要である．

**例題 11.1** 図 11.1（b）よりシリコンにおける活性化エネルギーを見積もりなさい．

**解答** 図 11.1（b）では，横軸 $1/T$ に対し，縦軸が $\sigma$ の対数表示であり，この関係が直線状にあるため，式 (11.2) のように導電率が温度の逆数の指数関数によって表される．グラフから数値を読むと，

$$1/T = 0.0006 \text{ にて，} \quad \sigma = 1.0 \times 10^2 \text{ [S/cm]},$$

$$1/T = 0.0013 \text{ にて，} \quad \sigma = 1.0 \text{ [S/cm]}$$

と考えられるので，

$$e^{-\frac{E_a}{k_B} \times (0.0006 - 0.0013)} = 1.0 \times 10^2$$

から，

$$E_a = \ln(1.0 \times 10^2) \times k_B / 0.0007 = 0.57 \text{ [eV]}$$

となる． ■

## 11.2 正 孔

式 (11.1) で $n$ をキャリア密度としたが，これは伝導電子密度とは限らない．すなわち，伝導電子ではなく，価電子が1個『いない』状態があり，これも電気伝導に重要な役割を演じる．図 11.2 に伝導電子がいる（電子が余った）状態と，価電子が一つ足りない状態の電子の波を示す．(a) の伝導電子のある状態では，電子の波がこの部分だけ強くなって，電子1個が余計に分布するが，この電子が自由に動けるため電流を流す役割を果たす．

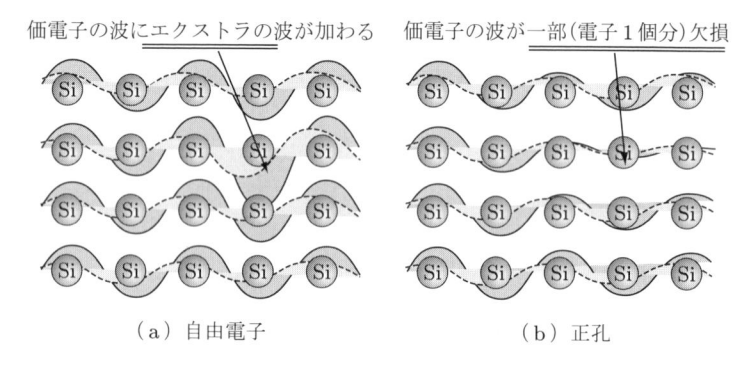

（a）自由電子　　　　　　（b）正孔

図 11.2　電子と正孔の波の状態

一方，(b) の電子が1個足りない状態はどうだろうか．原子核（$Si^+$ イオン）は正の電荷をもつため，価電子の「空席」のあたりは正の電荷を帯びている．このとき，この「空席」に向かって他の電子が移動できる．この状態のシリコン結晶に電界が掛かると，電子の空席を右側の電子が埋める．そのとき移動した電子の座席をさらに右の電子が埋める．このように考えると，「空席がある結晶も電流を流す」ことがわかる．

しかし，考え方を逆にすると，より簡単に，電流を流す現象を理解できる．す

なわち，この「空席」が動いて電流を流す ものと考えられる．これは電子のアナで**正孔**（英語で hole = ホール）とよばれる．電子がいないということで正の電荷をもったキャリアとなり，正孔が移動しても電流を流す．電子が不足で，正孔のある半導体では，式 (11.1) のキャリアは正孔なので，正孔の密度と正孔の移動度を掛けて計算する．ただし，正孔の移動しやすさは伝導電子の場合とは異なる波の性質であり，正孔の移動度は伝導電子のものとは異なる．

## 11.3 半導体のエネルギーバンド

半導体 Si のエネルギーバンド構造を金属のものと比較しよう．図 11.3 (a) のように，金属では価電子のバンドの途中までを電子が埋めている．このとき，フェルミレベルの付近のエネルギー電子や正孔が多数存在する．一方，(b) には，純粋な状態の半導体（**真性半導体**という）を示した．この半導体では，価電子帯はすべて価電子が埋められ，空きである正孔はない．また，伝導帯もほとんど電子がなく，キャリアがないため，非常に高抵抗となる．電子は価電子帯にのみ存在するが，フェルミレベル $E_F$ はバンドギャップの真中付近にある．

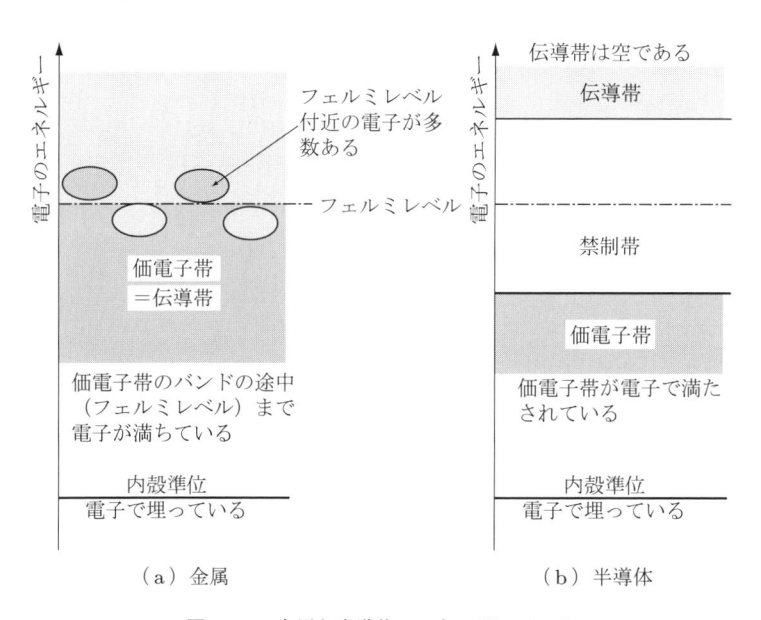

図 11.3 金属と半導体のエネルギーバンド

このとき，フェルミ-ディラックの分布関数に，伝導帯のエネルギー $E_c$，価電子帯のエネルギー $E_v$ を代入して，伝導電子や価電子の電子の座席数，状態密度に占める割合を計算すると，

$$f(E_c) = \frac{1}{e^{\frac{E_c - E_F}{k_B T}} + 1} = \frac{1}{e^{\frac{0.5 \,[\text{eV}]}{0.026 \,[\text{eV}]}} + 1} = \frac{1}{e^{20} + 1} \approx 10^{-8} \tag{11.3}$$

$$f(E_v) = \frac{1}{e^{\frac{E_v - E_F}{k_B T}} + 1} = \frac{1}{e^{\frac{-0.5 \,[\text{eV}]}{0.026 \,[\text{eV}]}} + 1} = \frac{1}{e^{-20} + 1} \approx 0.99999999 \tag{11.4}$$

となる．したがって，真性半導体では伝導帯の電子や価電子帯の正孔が状態密度の1億分の1と大変少ない．

## 11.4 不純物の添加

半導体の性質で重要なのは，何らかの方法で電子を増やすか，減らすと，フェルミレベルが上下に移動し，電子や正孔が生成されることである．図11.4(a)のように電子を増やすと，当然，上のバンドまで電子が存在するようになり，

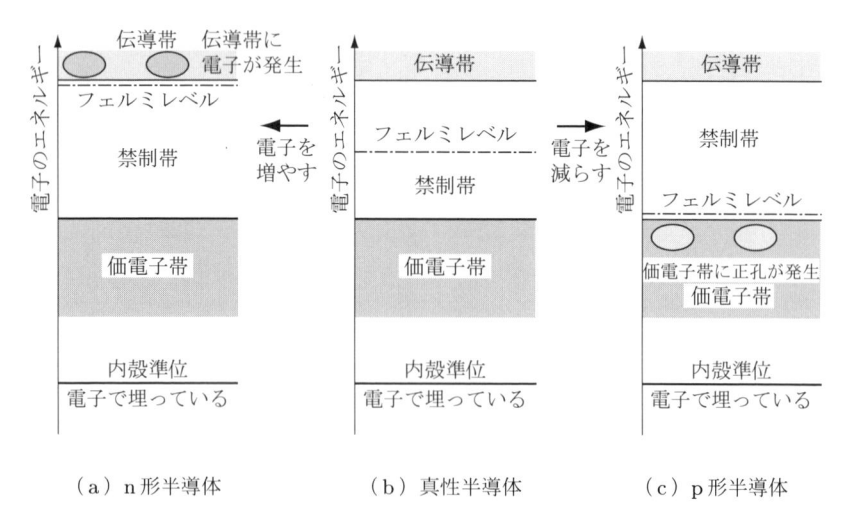

（a）n形半導体　　　（b）真性半導体　　　（c）p形半導体

図 **11.4** 電子の数とフェルミレベル，バンドの満ち方の関係

フェルミレベルが上昇する．そしてフェルミレベルが伝導帯の下端の近くにくる（たとえば伝導帯下端から 0.05 [eV] を想定する）と，式 (11.3) は，

$$f(\mathrm{E_c}) = \frac{1}{e^{\frac{E_c - E_F}{k_B T}} + 1} = \frac{1}{e^{\frac{0.05\,[\mathrm{eV}]}{0.026\,[\mathrm{eV}]}} + 1} \approx 0.1 \quad (11.5)$$

と書き換えられ，伝導帯に相当量の電子が存在するようになる．この伝導電子がキャリアとなって，この半導体は電流を流す．一方，電子を減らしても，正孔について同様の効果が見られる．すなわち，電子を奪うと，フェルミレベルが下がる．このフェルミレベルが価電子帯の上端付近にくると，価電子帯に正孔が生成され，正孔が電流を流す．

　電子が過剰になったり，不足したりする状態は，半導体に不純物を添加することで実現される．半導体シリコンは Si 原子が規則正しく並んでいるが，少量，たとえば，何万個のシリコン原子のうち一つの割合で，図 11.5 のように Si を V 族元素の P（リン）で置き換えると，リンのあるところだけ，電子が 1 個余った状態になる．すなわち，シリコン結晶中では，リンの原子も周りの 4 個の Si と結合している．しかし，リンにはもう一つ電子がありこの分の電子が余り，その結果，伝導電子が電流を流す．この V 族原子は結晶に電子を与えるのでドナー（donor）とよぶ．表 11.1 に周期表の一部を示したが，V 族元素であれば，N（窒素）でも As（砒素）でもドナーとなる．逆に III 族原子を添加すると，その周りだけ電子が一つ不足し，結晶中には正孔が生成される．この III 族原子は電子を受け取るため，アクセプタ（acceptor）とよばれる．

　V 族原子の不純物を添加したシリコンで自由電子が生成されるのには，若干

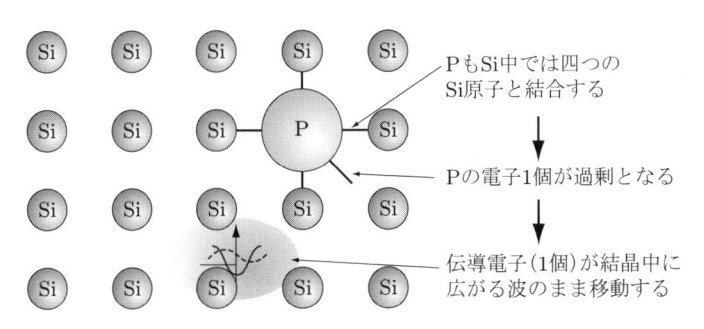

図 11.5　P を添加されたシリコン結晶

表 11.1　周期表の一部

| 族 | II | III | IV | V | VI |
|---|---|---|---|---|---|
| 第 2 周期 | | B | C | N | O |
| 第 3 周期 | | Al | Si | P | S |
| 第 4 周期 | Zn | Ga | Ge | As | Se |
| 第 5 周期 | Cd | In | Sn | Sb | Te |

温度の助けが必要である．シリコン結晶中のリン原子は実は +1 価のイオンと電子の組み合わせのように振舞う．イオンは電子を引き付けるが，そのエネルギーは真空中の水素原子核が自分の電子を捕まえている場合（13.6 [eV]）よりも小さく，0.05 [eV] 程度（Si の場合）となる．このとき，Si 結晶中には，図 11.6 のように V 族原子の作る**ドナー準位**が伝導帯の下端より約 0.05 [eV] の程度に生成され，V 族原子の量が十分にあれば，ここがフェルミレベルの近くにくる．

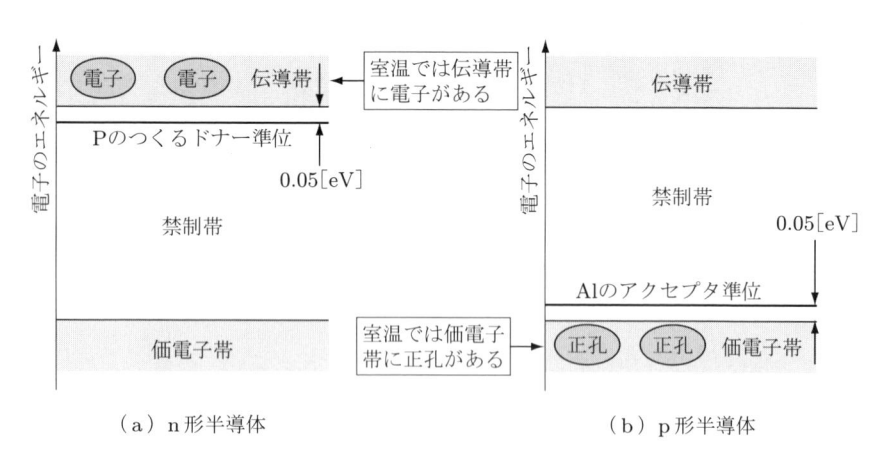

（a）n 形半導体　　　　　　　　（b）p 形半導体

図 11.6　不純物準位

室温では，このエネルギーが伝導帯に近いので，多数の電子が伝導帯に存在する．前述の活性化エネルギーが約 0.05 [eV] と室温での $k_B T$ の 0.026 [eV] に近い値となり，ほぼ添加された不純物の量の伝導電子が生成されている．このような半導体を **n 形半導体**という．逆に，III 族原子を添加されたシリコンでは，**アクセプタ準位**が価電子帯上端から約 0.05 [eV] 程のところに生成され，室温では価電子帯に多くの正孔が存在する．このような半導体を **p 形半導体**という．

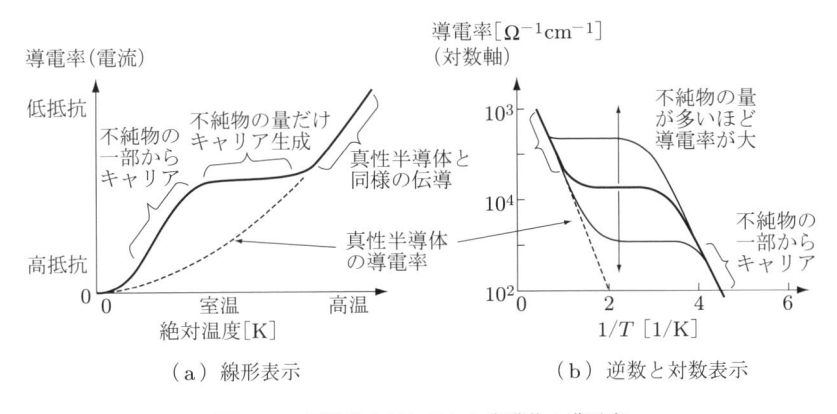

## 図 11.7 不純物を添加された半導体の導電率

(a) 線形表示 — 縦軸：導電率（電流）、低抵抗／高抵抗、横軸：絶対温度 [K]（室温、高温）。ラベル：不純物の一部からキャリア、不純物の量だけキャリア生成、真性半導体と同様の伝導、真性半導体の導電率。

(b) 逆数と対数表示 — 縦軸：導電率 [$\Omega^{-1}\mathrm{cm}^{-1}$]（対数軸）$10^3$, $10^4$, $10^2$、横軸：$1/T$ [1/K]。ラベル：不純物の量が多いほど導電率が大、不純物の一部からキャリア。

不純物を添加された半導体の導電率を温度による変化を図 11.7 に示す．こちらも，導電率を実数（a）と対数（b）の両方で表示した．これらは，図 11.1 とは異なり，低温では活性化エネルギー約 0.05 [eV] でキャリアが生成され，室温付近では，これがほぼ一定の値になる．しかし，より高温になると，さらに導電率が上昇する．これは，不純物によらず，真性半導体と同様にキャリアが生成される温度である．

**例題 11.2** ある p 形半導体の正孔密度が，$1 \times 10^{18}$ [cm$^{-3}$]，正孔移動度が 100 [cm$^2$/Vs] であるという．この半導体の導電率はいくらになるか．

**解答** 導電率 $\sigma$ は $en\mu$ に値を代入するだけでよい．

$$\sigma = en\mu = 1.602 \times 10^{-19} \times 1 \times 10^{18} \times 100 = 16 \,[\mathrm{S/cm}]$$

となる．

## 演習問題

**11.1** つぎの中で電流をもっともよく流すと思われる物質はどれか．理由をつけて答えなさい．

A：高純度のダイヤモンド
B：高純度のシリコン
C：ホウ素（B）が 0.01% 混ざったシリコン
D：ナトリウムが混ざった（通常の）ガラス

**11.2** n形半導体のエネルギーバンド図を示しなさい．

**11.3** 電子，正孔ともに無視できない密度で存在する場合，導電率はどのような式で表されるか．

**11.4** シリコン結晶にリンを $1\times10^{18}$ [cm$^{-3}$] 添加した試料とその10倍の $1\times10^{19}$ [cm$^{-3}$] 添加した試料で導電率が同一となった．このとき，どのような原因が考えられるか．

# 12章

# 電子の群速度と有効質量

金属や半導体中を自由に動ける伝導電子や正孔は，粒子のように固体中を移動している．

本章では，本来は電子の波の一部であるが，キャリアを粒子として取り扱う方法について考える．

## 12.1 自由電子の群速度

固体中の電子は本質的に波動であり，電子の波動方程式

$$-\frac{1}{2m}\hbar^2\frac{d^2}{dx^2}\phi(x) + V(x)\phi(x) = \mathrm{E}\phi(x)$$

を用いて考えられる．自由電子の場合は，$V(x)$ がゼロの場合で，エネルギー E は，

$$\mathrm{E} = \frac{\hbar^2 k^2}{2m} = \hbar\omega \tag{12.1}$$

となり，この式から電子は**群速度**

$$v_g = \frac{d\omega}{dk} = \frac{\hbar}{m}k \tag{12.2}$$

で動いていることを示す（付録 G 参照）．各波の位相がゼロの点が移動する速度（位相速度）はあまり重要ではなく，図 12.1 のように波が多数集まって波の束となった部分に電子があると考えられる．粒子の移動に対応するのは，この波束の移動速度，群速度である．このように波数 $k$ が増えると，速度は $k$ に比例し，エネルギーは $k$ の二乗に比例して増大する．この自由電子の場合には，電子は質量 $m$ の粒子が移動していると考えられる．

**72**　12 章　電子の群速度と有効質量

(a) いろいろな $k$ の波動関数

$\omega$ が異なるためうなりを生じる

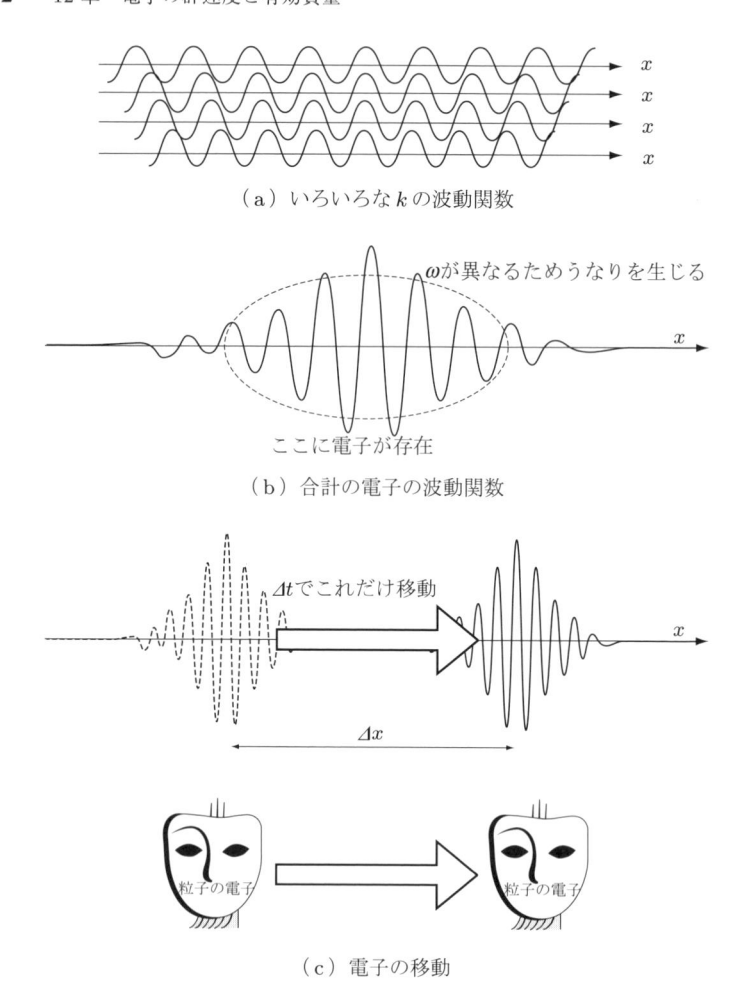

ここに電子が存在

(b) 合計の電子の波動関数

$\Delta t$ でこれだけ移動

$\Delta x$

粒子の電子

(c) 電子の移動

図 **12.1**　電子の波と群速度

## 12.2　有効質量

　周期的ポテンシャル中の電子はどうであろうか．図 7.6 のように周期的ポテンシャル中でも電子のエネルギーは波数 $k$ の関数として理解される．式 (12.1) のように電子のエネルギーは角周波数に対応するため，縦軸を $\omega$ に変えて自由電子と周期的ポテンシャル中の電子について比較しよう．

　図 12.2 には，自由電子と周期的ポテンシャル中の電子の角周波数の関係の一

12.2 有効質量

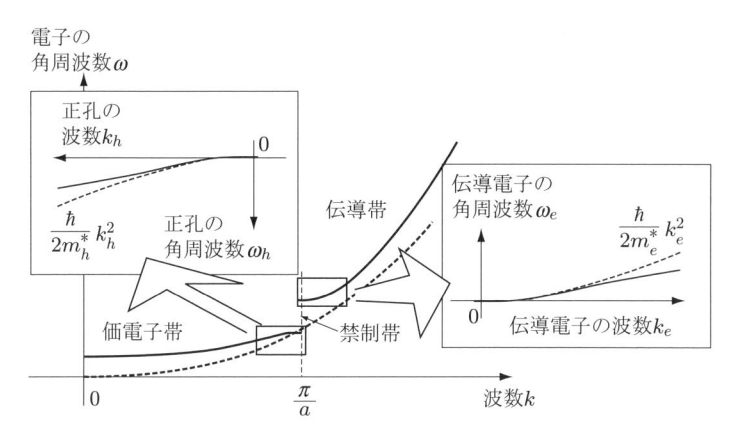

**図 12.2** 電子の波数と各周波数から電子の正孔と有効質量を導く方法

部を拡大して示す．ここでは，第 1 ブリュアンゾーン（波数が $\frac{\pi}{a}$ 以下）が価電子帯であり，第 2 ブリュアンゾーン以降（波数 $\frac{\pi}{a}$ 以上）が伝導帯である場合を考える．11 章で述べたように，フェルミレベルより少し上の，半導体であれば伝導帯の底のエネルギーの伝導電子や，価電子帯の一番上の正孔が伝導に寄与する重要な状態である．ここでは，伝導帯の底と価電子帯の一番上を拡大して示した．さらに，式 (12.2) は，$k$ を横軸としたときの $\omega$ の傾きから速度が得られることを示し，$k$ 軸上で定数 $\frac{\pi}{a}$ だけ動かしても変化しない．そこで，伝導電子の波数 $k_e$ を

$$k_e = k - \frac{\pi}{a}$$

とする．また，$k$ の向きはキャリアの運動の向きなので，向きを逆にすると，正孔の波数 $k_h$ を

$$k_h = -\left(k - \frac{\pi}{a}\right)$$

とすることができる．さらに，電子の角周波数やエネルギーについても差が重要なので，電子の角周波数 $\omega_e$ を

$$\hbar\omega_e = \hbar\omega - 伝導帯の底のエネルギー$$

とすることができ，正孔については，電子の波がない状態なので，逆にとって正孔の角周波数を

$$\hbar\omega_h = -(\hbar\omega - 価電子帯の一番上のエネルギー)$$

とすることができる．

さらに，ブリュアンゾーンの境界では，角周波数が波数にあまり依存せず，グラフが平らに近くなっている．これは，クローニッヒ–ペニーの模型の場合の式 (7.17)

$$\cos ka = \cos \alpha a + P\frac{\sin \alpha a}{\alpha a}$$

で，$ka$ が $\pi$ の整数倍に近いとき，$\cos ka$ が $\pm 1$ からあまり変化せず，波数 $k$ が変化してもエネルギーに関する $\alpha a$ の変化が小さいことに対応する．さらに，図 12.2 から，$\omega_e$ は $k_e$ が増大するとともに傾きが増えていくことがわかる．そこで，$k_e$ の小さい領域では，伝導電子の角周波数 $\omega_e$ を

$$\omega_e = \frac{\hbar}{2m_e^*}k_e^2 \tag{12.3}$$

のように $k_e$ の二乗に比例するものとして近似できる．ここでえられた $m_e^*$ は伝導電子の**有効質量**とよばれる．これを $k_e$ で微分して，

$$\frac{d\omega_e}{dk_e} = \frac{\hbar}{m_e^*}k_e \tag{12.4}$$

となるが，これは式 (12.2) の自由電子の群速度と同じ形の式になり，結晶中の伝導電子は，質量 $m_e^*$ の粒子であるかのように周期的ポテンシャル中を移動することがわかる．図 12.3 に伝導電子の波数とエネルギーの関係を自由電子と比較して示す．同様に正孔についても，角周波数 $\omega_h$ が

$$\omega_h = \frac{\hbar}{2m_h^*}k_h^2 \tag{12.5}$$

となる．$m_h^*$ は正孔の有効質量である．もちろん，電子と同様に微分して，

$$\frac{d\omega_h}{dk_h} = \frac{\hbar}{m_h^*}k_h \tag{12.6}$$

(a) 真空中の電子

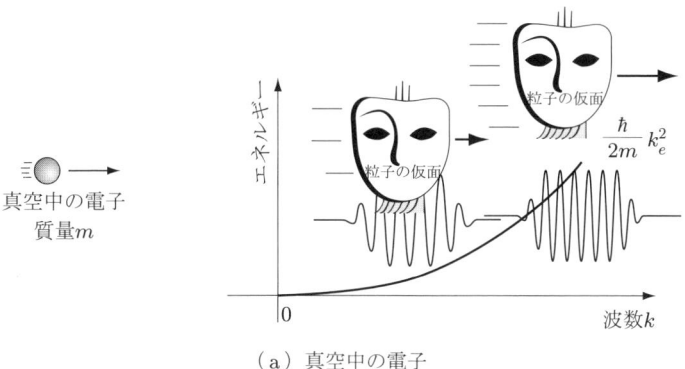

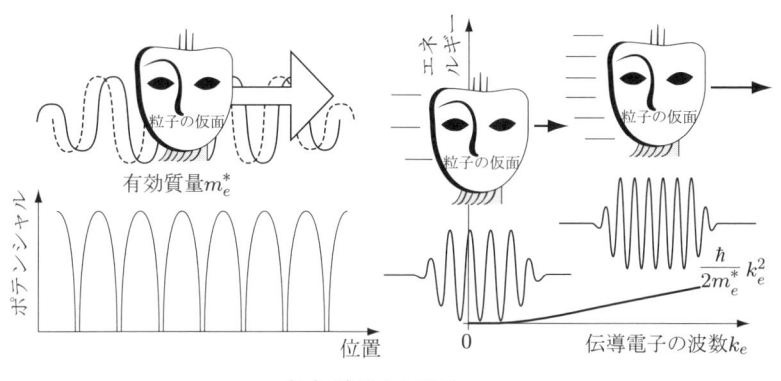

(b) 結晶中の電子

図 **12.3** 波数とエネルギーの関係から有効質量の導入

となることから，正孔も質量 $m_h{}^*$ の粒子であるかのように振舞う．

**例題 12.1** シリコン結晶において，電子が静止した状態から電界 $E$ により加速され，ある時間 $2\tau_e$ 後にその運動を止められると仮定しよう．このような電子の移動度はいくらか．

**解答** 電子はシリコン結晶中では有効質量 $m_e{}^*$ で，電荷が $-e$ の粒子として振舞うと考えられるため，電子に加わる力 $F$ がつぎのように表される．

$$F = m_e{}^* \frac{dv}{dt} = eE$$

ただし，$v$ は電子の移動速度である．これにより，

$$v = \frac{eE}{m_e^*} t$$

となるが，0 から $2\tau_e$ までの時間の平均の電子の速度 $\langle v \rangle$ を考えると，

$$\mu = \frac{\langle v \rangle}{E} = \frac{e\tau_e}{m_e^*}$$

と移動度が表される． ∎

## 12.3 キャリア密度と np 積

図 12.4 に真性半導体と n 形半導体の状態密度と電子数をエネルギーの関数として示す．半導体中でエネルギー E の伝導電子密度 $n_e(\mathrm{E})$ は，単位体積あたりの伝導電子の存在できる状態（伝導帯）の状態密度 $N_c(\mathrm{E})$ とフェルミ-ディラックの分布関数 $f(\mathrm{E})$ の積によって，

$$n_e(\mathrm{E}) = N_c(\mathrm{E}) \times f(\mathrm{E}) \tag{12.7}$$

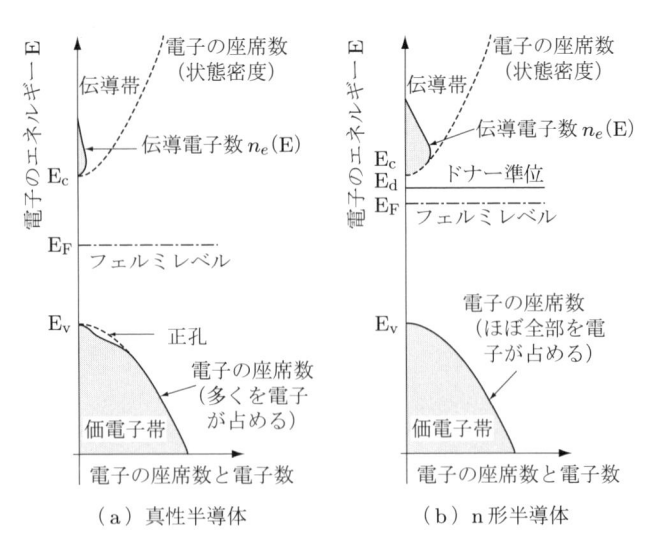

図 12.4　半導体のフェルミレベルと状態密度，電子数

と表される．ここで，式 (12.3) のように，電子の角周波数（エネルギー）が波数の二乗で表されるとき，伝導電子の密度 $n_e$ は

$$n_e = \int_{E=E_c}^{E=\infty} n(E)dE = N_c e^{-\frac{E_c - E_F}{k_B T}} \tag{12.8}$$

となる．$E_c$ および $E_F$ は伝導帯の底とフェルミレベルのエネルギーである．$N_c$ は，

$$N_c = \frac{2}{h^3}(2\pi m_e^* k_B T)^{\frac{3}{2}} \tag{12.9}$$

である．同様に正孔の密度 $n_h$ も

$$n_h = N_v e^{-\frac{E_F - E_v}{k_B T}} \tag{12.10}$$

となる．ただし，

$$N_v = \frac{2}{h^3}(2\pi m_h^* k_B T)^{\frac{3}{2}} \tag{12.11}$$

である．式 (12.8)〜(12.11) より，

$$n_e n_h = N_c N_v e^{-\frac{E_g}{k_B T}} \tag{12.12}$$

となる．ここでは，バンドギャップ $E_g$ により，

$$E_g = E_c - E_v$$

となることを利用している．式 (12.12) はフェルミレベル $E_F$ が含まれない式であるため，室温など温度が一定であれば，半導体中の伝導電子と正孔の密度の積（np 積）が一定になることを示す．前章でドナーを添加した n 形半導体では，伝導電子がキャリアになって電流を流すことを述べたが，正確には，ドナー不純物により増加した伝導電子密度に反比例して正孔密度が減少する．このとき主に伝導に寄与するのが電子となったのである．

つぎに n 形半導体のキャリア密度について計算しよう．ドナー密度を $N_d$，イオン化したドナー密度を $N_d^+$，ドナー準位のエネルギーを $E_d$ とする．このとき，電気的中性条件は，

$$n_e = N_d^+ + n_h \tag{12.13}$$

である．ここで，$n_h$ は大変小さいので無視することができる．また，温度があまり大きくなければ，$N_d^+$ についても，フェルミ–ディラックの分布関数を省略し，

$$n_e = N_d^+ = N_d e^{-\frac{E_F - E_d}{k_B T}} \tag{12.14}$$

としてよいだろう．ここで，フェルミレベルを消去するため，式 (12.8) と式 (12.14) それぞれの平方根をとって掛け合わせると，

$$n_e = \sqrt{N_c N_d} e^{-\frac{E_c - E_d}{2k_B T}} \tag{12.15}$$

となる．このように，伝導電子密度はドナー準位のエネルギーと絶対温度に依存する．

## 演習問題

**12.1** 真性半導体においては $n_e$ と $n_h$ が一致し，フェルミレベルが禁制帯の中央付近になる．Ge および Si の真性半導体における 300 [K] での電子および正孔の密度をそれぞれ計算しなさい．ただし，$m = m_e^* = m_h^*$ とし，Ge に対しては $E_g = 0.7$ [eV]，Si に対しては，$E_g = 1.1$ [eV] とする．

**12.2** ある半導体において有効質量が，$m_e^* = m$，$m_h^* = 0.5m$（ただし，$m$ は真空中の電子の質量で，$m = 9 \times 10^{-31}$ [kg]）であった．室温（300 [K]）における $N_c$ と $N_v$ はそれぞれいくらか．

**12.3** 前問 12.2 の半導体で，バンドギャップが 1.1 [eV] であった，室温（300 [K]）における np 積（$n_e \times n_h$）はいくらか．

**12.4** 前々問 12.2 の半導体に $E_c - E_d = 0.05$ [eV] のドナーを $N_d = 1 \times 10^{18}$ [cm$^{-3}$] 添加した．室温での $n_e$ はいくらか．

# 13章

# 半導体における諸効果

　半導体はキャリア密度の変化から電流を制御できるが，これに磁界や熱，光などを当てると電子と正孔の振る舞いから特徴的な諸効果がみられる．

　本章では，応用上も重要なこれらの効果について説明する．

## 13.1　ホール効果

　電流の流れている固体に図 13.1 のように電流と直角方向に磁界を加えると，電流方向，磁界方向のいずれにも直角な方向に起電力を生じる場合がある．この効果をホール効果といい，このときの起電力をホール起電力という．以下では，n 形半導体を例にとって，定量的に説明する．電子が $y$ 軸の負の方向に移動し，磁界が $x$ 方向に与えられているとするとフレミングの左手の法則により電子は上方に力を受け，上方に向かう．その結果，上側に電子がたまり，$z$ 方向に電位差を生じる．

　定常状態ではこれによる電界から受ける力と磁界から受ける力とが平衡している．すなわち，磁束密度を $B$，電子の速度を $v$ とすると，磁界から受ける力

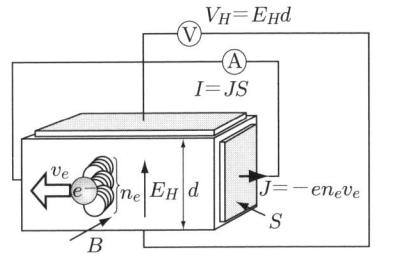

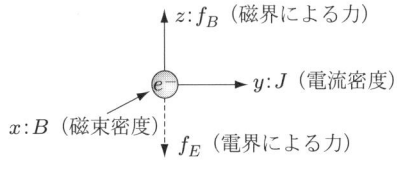

図 13.1　ホール効果

$f_B$ は,

$$f_B = Bev \tag{13.1}$$

電界を $E$ として,電界から受ける力 $f_E$ は,

$$f_E = eE \tag{13.2}$$

となるが,これらが一致するので,

$$E = Bv \tag{13.3}$$

の関係が得られる.

一方,電流密度 $J$ は,電子の密度 $n_e$ を用いて $-en_e v$ で得られるので,**ホール係数** $R_H$ を,

$$R_H = -\frac{E}{BJ} \tag{13.4}$$

によって定義すると,

$$R_H = -\frac{E}{BJ} = \frac{Bv}{Ben_e v} = \frac{1}{en_e} \tag{13.5}$$

となる.p 形半導体の場合は正孔密度 $n_h$ を用いて,同様に,

$$R_H = -\frac{1}{en_h} \tag{13.6}$$

となる.ただし,ホール起電力の極性は図 13.2 の関係からも理解されるようにキャリアの種類によって逆となる関係にある.この現象を利用して,$R_H$ の

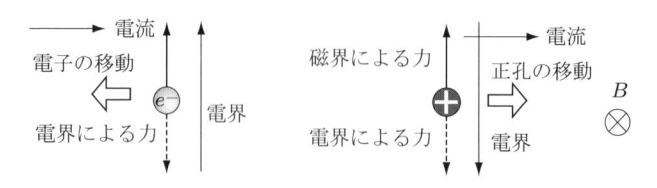

（a）キャリアが電子の場合　　（b）キャリアが正孔の場合

図 **13.2** キャリアの種類とホール効果による電界

正，負によってキャリアの識別を行うことができる．また，ホール係数の値からキャリア密度が求められる．さらに，導電率（n 形の場合，$\sigma_n = en_e\mu_e$，p 形の場合，$\sigma_p = en_h\mu_h$）を測定することによって，

$$\left.\begin{array}{l}\mu_e = -R_H\sigma_n \\ \mu_h = -R_H\sigma_p\end{array}\right\} \tag{13.7}$$

から移動度を知ることができる．

**例題 13.1** 正孔密度が $1 \times 10^{17}\,[\mathrm{cm}^{-3}]$ である p 形シリコン結晶においてホール測定を行うといくらのホール係数が得られるか．

**解答** 式 (13.6) より，

$$R_H = -\frac{1}{en_h} = -\frac{1}{1.6 \times 10^{-19} \times 1.0 \times 10^{17}} \approx -60\,[\mathrm{cm}^3/\mathrm{C}]$$
$$= -0.006\left[\frac{1}{\mathrm{C/scm}^2} \times \frac{\mathrm{V}}{\mathrm{cm}} \times \frac{1}{\mathrm{Vs/m}^2}\right]$$
$$= -0.006\left[\frac{1}{\mathrm{A/cm}^2} \times \frac{\mathrm{V}}{\mathrm{cm}} \times \frac{1}{\mathrm{T}}\right]$$

となる．これは一辺が 1 [cm] の立方体試料に 1 [A] の電流を流し，1 [T] の磁束密度で磁界を掛けた場合に，試料の両端に $-0.006$ [V] の電圧が発生することを示す． ∎

## 13.2 熱電効果

熱電効果には**ゼーベック効果**，**ペルティエ効果**などがある．以下，これらについて説明する．

図 13.3 に示すように n 形半導体の片方を高温にすると，高温部で発生した電子は拡散によって低温部に流れる．このため，低温部は負に，高温部は正に帯電する．外部へ電流を流さなければ，拡散による流れと電荷の不均衡から生じる電界による流れとがつりあい平行になる．このとき電位差 $\Delta V$ と温度差 $\Delta T$ を

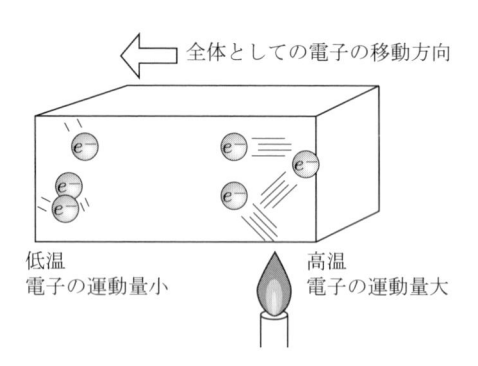

図 13.3　ゼーベック効果

$$\Delta V = \alpha \Delta T$$

と関係づけ，この $\alpha$ を熱電能という．これがゼーベック効果である．p 形半導体では正孔が移動するので逆に帯電する．したがって，この効果から n 形半導体か，p 形半導体かの区別もつく．

つぎにペルティエ効果について説明する．n 形半導体を例にとると，図 13.4 のように，陰極から電子が注入されるためにはフェルミレベルから伝導帯までの差のエネルギーを必要とし，陽極に入り込むときに電子はそのエネルギーを放出する．その結果，陰極では冷却がおこり，陽極では加熱が行われる．このときの熱量 $Q$ は電流 $J$ との間に

$$Q = \pi_P J \tag{13.8}$$

の関係がある．$\pi_P$ をペルティエ係数といい，この効果がペルティエ効果である．

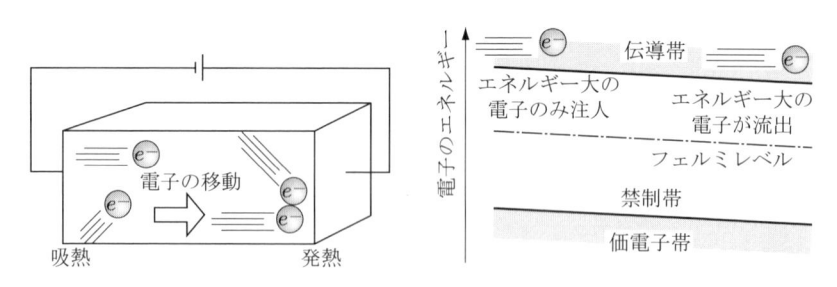

（a）n 形半導体に電流を流す様子　　（b）電子のエネルギー

図 13.4　ペルティエ効果

## 13.3 光導電効果

物質が光を吸収して電子(光電子)を生じる現象を光電効果とよぶ。光電効果には、光の照射によって固体表面から外部に光電子が放出される外部光電効果のほかに、固体内部のキャリア(電子や正孔)が増加する内部光電効果に伴って導電率が増加する効果(光導電効果)、および固体の接触面への光照射により起電力が発生する光起電力効果がある。これらのうち、ここでは光導電効果について説明する。

光エネルギーを吸収しキャリアを発生する過程には図 13.5 に示すように、
 ( i ) 価電子帯から伝導帯への電子の励起(電子と正孔の生成)
 ( ii ) ドナー準位から伝導帯への電子の励起(電子の生成)
 ( iii ) 価電子帯からアクセプタ準位への電子の励起(正孔の生成)
がある。キャリアの励起の際はエネルギー保存則により、吸収された光のエネルギーが電子の励起に用いられたエネルギーと同じになる。同時に、電子の運動量保存則により、電子正孔対の生成には、できる電子と正孔の運動量(これは電子の波の形に依存する)が同一でなくてはならない。

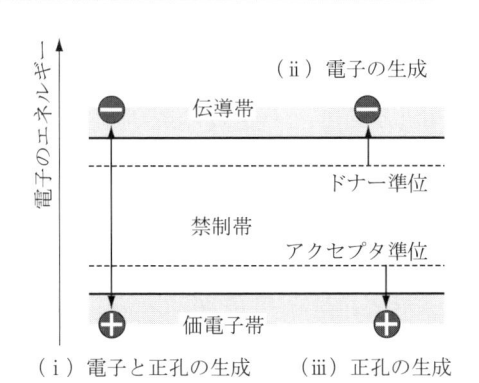

**図 13.5** 光によるキャリアの発生

図 13.6 に半導体での光の吸収の型について示す。GaAs, InP などの半導体は**直接遷移型半導体**とよばれ、価電子帯の最上端と伝導帯の最下端の電子の波の形が一致するため、禁制帯幅以上の光を吸収し、電子と正孔が生成される。

一方、Si や Ge などは**間接遷移型半導体**とよばれ、価電子帯端と伝導帯端の電子の波の形が異なり、禁制帯幅に一致するエネルギーの光は吸収されない。

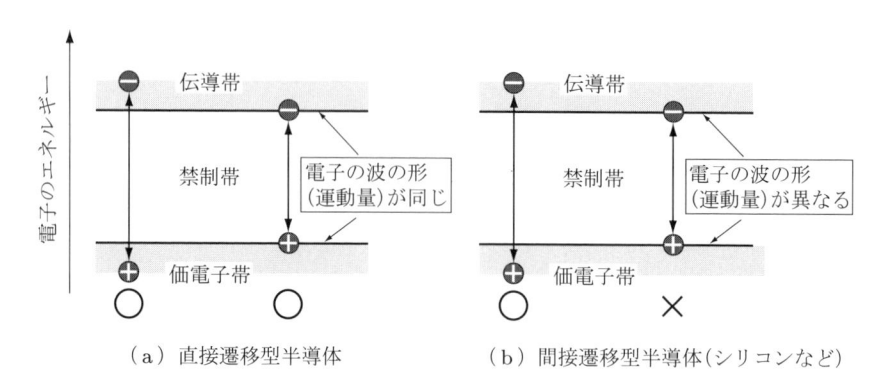

**図 13.6** 直接遷移と間接遷移

禁制帯幅よりもエネルギーの大きい光のみを吸収し，格子振動などで一部のエネルギーを失い，電子の運動量を変化させて電子と正孔を生成させる．この格子振動の励起などの過程が必要になるため，間接遷移型半導体の方が一般に光吸収率も低く，電子や正孔の生成も少ない．

光の照射によって増加したキャリアの密度を $\Delta n_e$, $\Delta n_h$ とすると，導電率の増加分 $\Delta\sigma$ は，

$$\Delta\sigma = e(\Delta n_e \mu_e + \Delta n_h \mu_h) \tag{13.9}$$

となる．電子，正孔の単位時間あたりの発生数（電子正孔が同数）を $g$, このキャリアの寿命をそれぞれ，$\tau_e$, $\tau_h$ とすると，$\Delta\sigma$ は，

$$\Delta\sigma = eg(\tau_e \mu_e + \tau_h \mu_h) \tag{13.10}$$

となる．キャリアの寿命が長く，移動度が大きいものほど導電率の変化が大きい．キャリアの寿命は，図 13.7 に示す，電子や正孔を捕まえたり，再結合させるトラップによって決まる．したがって，結晶性を高め，不純物をなくし，これらのトラップ密度を下げることが光導電率を増加させるうえで重要である．

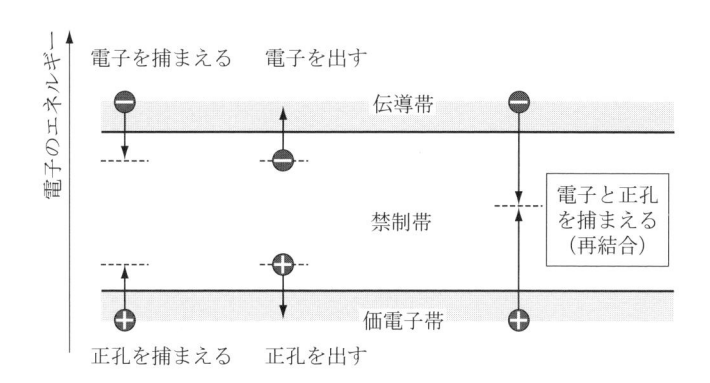

図 13.7　キャリアに対するトラップの効果

**演習問題**

**13.1**　n 形半導体のホール係数を測定したところ，$R_H = 4 \times 10^{-4}\,[\mathrm{m^3 \cdot C^{-1}}]$ の値を得た．このときの電流から抵抗率を評価したところ $\rho_n = 3 \times 10^{-4}\,[\Omega \cdot \mathrm{m}]$ であった．この半導体のキャリア密度 $n_e$ と移動度 $\mu_e$ を計算しなさい．

**13.2**　ペルティエ効果による冷却（加熱）の熱量が式 (13.8) のように電流に比例するのはなぜか．

**13.3**　間接遷移型半導体のシリコンは光導電素子としてはあまり用いられない．しかし，同じ光吸収素子である太陽電池には広くシリコンが用いられる．太陽電池の場合に半導体の遷移型があまり問題にならないのはなぜか．

# 14章

# 電子放出

電子放出の原因には，熱電子放出，光電子放出，電界放出，二次電子放出などがある．

本章では，物体から真空中あるいは別の物体へ電子を放出する現象について述べる．

## 14.1 熱電子放出

（1）リチャードソン–ダッシュマンの式

金属中の自由電子は本来フェルミ–ディラックの統計に従った速度分布を有しているが，電子放出が重要となる部分についてはマクスウェル–ボルツマンの統計で近似することができる．すなわち，電子の二乗平均速度 $\langle v^2 \rangle$ を用いると

$$\frac{m\langle v^2 \rangle}{2} = \frac{3k_B T}{2} \tag{14.1}$$

が成り立つ．金属中の電子が外部へ放出されるには図 14.1 に示したように，

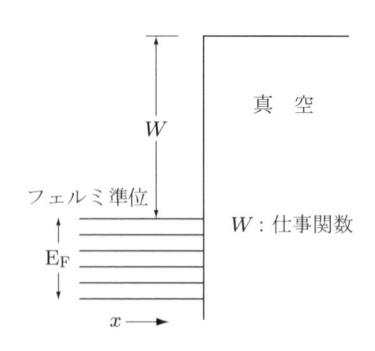

図 14.1　金属中の電子のエネルギー図

$$\frac{m\langle v^2 \rangle}{2} > W + \mathrm{E_F} \tag{14.2}$$

でなければならない．表面に垂直に $x$ 軸，平行に $y$ 軸，$z$ 軸をとる．$x$ 方向の運動量 $p_x$ は式 (14.2) から

$$\frac{p_x{}^2}{2m} > W + \mathrm{E_F} \tag{14.3}$$

と書くことができる．$W + \mathrm{E_F}$ のエネルギーをもつ電子の運動量を $p_{x_0}$ とする．$v_x \sim v_x + dv_x$ の速度範囲にある電子がすべて放出され，電流に寄与したとすると，電子の数を $dn$ として $dn$ に対する電流は

$$dJ_x = ev_x dn = \frac{e}{m} p_x dn \tag{14.4}$$

で表される．この $dn$ は $p_x \sim p_x + dp_x$ にある電子数で

$$dn = \left\{ \iint f(p) N(p) dp_y dp_z \right\} dp_x \tag{14.5}$$

で表される．ここで $f(p)$ はフェルミ–ディラックの関数であり，

$$f(p) = \frac{1}{\exp\left(\frac{p_x{}^2 + p_y{}^2 + p_z{}^2}{2mk_B T} - \frac{\mathrm{E_F}}{k_B T}\right) + 1} \tag{14.6}$$

である．$N(p)$ は単位体積あたりの状態密度で次式で表される．

$$N(p) = \frac{2}{h^3} \tag{14.7}$$

式 (14.6) において，指数部が 1 に比べて大きいときは $+1$ が省略され，容易に積分される．その結果，電流 $J_x$ は

$$\begin{aligned} J_x &= \frac{2e}{mh^3} \int_{-\infty}^{\infty} \int_{-\infty}^{\infty} \int_{p_{x_0}}^{\infty} f(p) p_x dp_x dp_y dp_z \\ &= \frac{4\pi e m k_B{}^2 T^2}{h^3} \exp\left(\frac{\mathrm{E_0} - \mathrm{E_F}}{k_B T}\right) \end{aligned} \tag{14.8}$$

となる．ここで $\mathrm{E_0} = W + \mathrm{E_F}$ とした．この式 (14.8) は $J_x$ を $J$ と書きかえて，

$$J = AT^2 \exp\left(-\frac{W}{k_B T}\right) \tag{14.9}$$

と表される．$A$ の理論値としてはつぎの値をとる．

$$A = 1.20 \times 10^6 \ [\mathrm{A/m^2 K^2}]$$

この式 (14.9) をリチャードソン-ダッシュマン [Richardson-Dushman] の式という．いくつかの金属に対して $A$ と $W$ の値を表 14.1 に示した．$A$ が理論値と一致しないのは金属の表面状態が関係していることによる．式 (14.9) は電圧によらず温度で決まる電流値である．

表 14.1 金属の仕事関数と定数 $A$

| 金属 | $W$ [eV] | $A$ [A/m$^2$K$^2$] | 金属 | $W$ [eV] | $A$ [A/m$^2$K$^2$] |
|---|---|---|---|---|---|
| Cu | 3.9 | $0.65 \times 10^6$ | W + 1.5ThO$_2$ | 2.6〜2.9 | $0.03 \times 10^6$ |
| Ta | 4.2 | $0.55 \times 10^6$ | Ni + (Ba, Sr)O | 1.4〜1.6 | $1.0 \times 10^2$ |
| W | 4.5 | $0.60 \times 10^6$ | | | |
| Pt | 5.3 | $0.32 \times 10^6$ | | | |

（2）ショットキー効果

印加電圧を十分高めると熱電子放出電流が増加する．これをショットキー [Schottky] 効果という．この効果をつぎに説明する．

放出された電子によって金属中に正電荷が誘起され，鏡像力が働く．その力はクーロンの法則により

$$\frac{e^2}{4\pi\varepsilon_0 (2x)^2}$$

であり，これによるポテンシャルは

$$-\frac{e^2}{16\pi\varepsilon_0 x}$$

となる．したがって，鏡像力を考慮したときの合成ポテンシャル $\Phi_0$ は

$$\Phi_0 = W - \frac{e^2}{16\pi\varepsilon_0 x} \tag{14.10}$$

となる．外部電界 $E$ が印加されると，ポテンシャルは

$$\Phi = \left(W - \frac{e^2}{16\pi\varepsilon_0 x}\right) + (-eEx) \tag{14.11}$$

に変化する．この電界により，ポテンシャルは $\frac{e\left(\frac{eE}{\pi\varepsilon_0}\right)^{\frac{1}{2}}}{2}$ だけ低下し，電子放出が促進される．このときの電流は

$$J = AT^2 \exp\left[-\left\{W - \frac{e\left(\frac{eE}{\pi\varepsilon_0}\right)^{\frac{1}{2}}}{2}\right\}k_B T\right] \tag{14.12}$$

で与えられる．

**例題 14.1** 外部電界の印加により低下するポテンシャルエネルギー量を計算しなさい．

**解答** 外部電界を印加されたときの $\Phi$ は図 14.2 のように，$x_\mathrm{m} = \frac{\left(\frac{e}{n\varepsilon_0 E}\right)^{\frac{1}{2}}}{4}$ で，

$$\text{極値}\,\Phi_\mathrm{m} = W - \frac{e\left(\frac{eE}{\pi\varepsilon_0}\right)^{\frac{1}{2}}}{2} \tag{14.13}$$

を有する．すなわち，$\frac{e\left(\frac{eE}{\pi\varepsilon_0}\right)^{\frac{1}{2}}}{2}$ だけ低下する． ∎

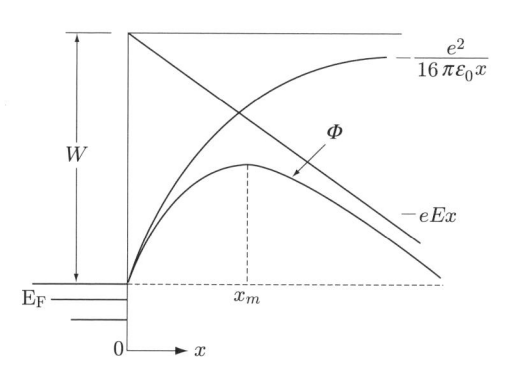

図 14.2 ショットキー効果によりポテンシャル障壁の低下

## 14.2 光電子放出

図 14.3 のように，電子は，光のエネルギーを得て固体の外に放出される．これを光電効果という．仕事関数を $W$ とすると，固体表面からの電子放出に必要な光の振動数 $\nu$ は

$$h\nu \geqq W \tag{14.14}$$

であり，放出電子の速度を $v$ とすると，つぎの関係式が成り立つ．

$$\frac{mv^2}{2} = h(\nu - \nu_0) \tag{14.15}$$

ここで $\nu_0$ は $h\nu_0 = W$ を満足する周波数である．放出される電子の数は光の強さに依存する．フェルミ統計に従って分布している電子は $0\,[\mathrm{K}]$ より高温では尾を引くので，式 (14.15) の $\nu$ よりも低い周波数の光でも，若干の電子放出が起こる．

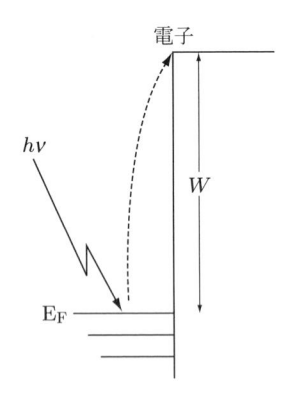

**図 14.3** 光電効果による金属からの電子放出

光の波長を $\lambda$ とすると，光の速さ $c$ と振動数（周波数）$\nu$ との間には

$$\nu\lambda = c \tag{14.16}$$

の関係がある．これを式 (14.14) に代入すると，

$$W \leqq \frac{ch}{\lambda} \tag{14.17}$$

となる．可視光線の波長は 400〜700 [nm] であるから，この光で光電子放出が起こるためには，$W$ は 1.7〜3.1 [eV] の範囲でなければならない．なお，光電子放出は光子が入射しても必ずしも起こるとは限らず，ある効率で起こる．この効率を**量子効率**とよび，次式で定義されている．

$$\text{量子効率} = (\text{電子放出に寄与した光子数}) / (\text{入射光子数})$$

量子効率を高めるために種々の物質が考えられている．

## 14.3 電界放出

電界を高めると，ポテンシャルは図 14.4 のようになり，障壁を突き抜けてトンネル効果により電子が外部に放出される．これは量子力学的現象であり，つぎのように理解される．鏡像力による効果を省略するとポテンシャルは，

$$\Phi = V_0 - eEx \tag{14.18}$$

となる．したがって，波動方程式は

$$\left.\begin{array}{l} \left(\dfrac{\hbar^2}{2m}\right)\left(\dfrac{d^2\phi}{dx^2}\right) + \mathrm{E}\phi = 0 \quad (x < 0) \\ \left(\dfrac{\hbar^2}{2m}\right)\left(\dfrac{d^2\phi}{dx^2}\right) + (\mathrm{E} - V_0 + eEx)\phi = 0 \quad (x > 0) \end{array}\right\} \tag{14.19}$$

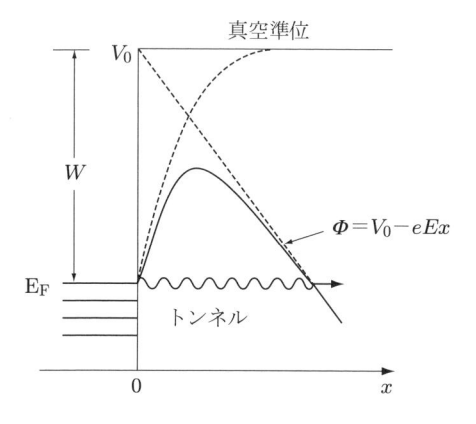

図 14.4 電界放出（トンネル効果）

この方程式を解くことによって，放出電流として次式の形が得られる．

$$J = AE^2 \exp\left(-\frac{B}{E}\right) \tag{14.20}$$

$A, B$ は定数である．熱電子の場合と異なり，式 (14.20) の電流 $J$ は温度に依存しない．

## 14.4 二次電子放出

固体の表面に十分なエネルギーをもった電子が衝突すると，表面から電子が放出される．放出される電子を二次電子という．放出電子と入射電子数の比を二次電子放出比 $\delta$ という．この $\delta$ は入射電子のエネルギー $E_{in}$ に依存する．放出された二次電子のエネルギー分布は図 14.5 のように低エネルギー側にピークをもつ．高エネルギー側のピークは散乱された入射電子（一次電子）によるものである．

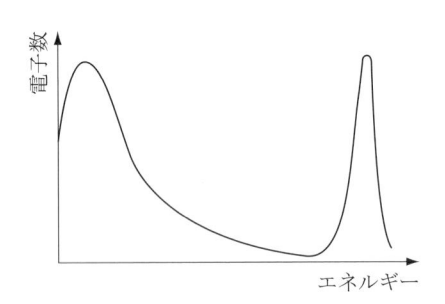

図 14.5 二次電子放出

### 演習問題

**14.1** 式 (14.7) を導きなさい．

**14.2** 熱電子放出された電子の平均エネルギーは $2k_B T$ に等しいことを示しなさい．

**14.3** 仕事関数 1 [eV] の金属陰極を 300 [K] に加熱したとき，単位面積あたりどの程度の放出電流が得られるか．

**14.4** 光電管の光電面を波長 253.7 [nm] の光で照らしたところ，放出電子のエネルギーが 2.5 [eV] であった．光電面の仕事関数を求めなさい．

**14.5** 式 (14.20) で $A = 1.25 \times 10^5$ [A/V$^2$]，$B = 2.5 \times 10^{10}$ [V/m] として $J$–$E$

の関係を $1 \times 10^8$ [V/m] から $6 \times 10^8$ [V/m] の範囲で作図しなさい．
- **14.6** 300 [K] における電子の熱運動による平均速度はいくらか．
- **14.7** タングステン線を 1000 [K] に加熱したときに，単位面積あたり放出される電流値はいくらか．
- **14.8** 1000 [K] に加熱されているタングステン線表面の電界が $0.5$ [MV/cm] から $1.0$ [MV/cm] に上昇すると，電流の増加は何倍か（ショットキー効果）．

# 15章

# 誘 電 体

誘電体とは誘電分極を示す物質をいう．すなわち，静電界を加えるとき，分極を生じるが直流電流を生じない物質をいう．現実の誘電体はわずかながらの電流を流すが，電気的に抵抗率の高い絶縁体でもある．

本章では，電界を印加すると分極を発生する誘電体の性質と高電界印加時の現象について述べる．

## 15.1 物質の誘電性

誘電体には電界をかけない自然の状態で形成された**自発分極**をもつ物質がある．図 15.1 に示すように自発分極の向き（図中の矢印）がそろっているもの（a）は**強誘電体**，互いに反平行（平行であるが，向きが逆であること）となっているもの（b）は**反強誘電体**とよばれている．自発分極はもちろん電界の作用により反転する．これらの誘電体の電束密度 $D$ と電界 $E$ との関係で示した履歴曲線（ヒステリシスカーブ）は図のようになる．この履歴曲線は，物質に印加する電界 $E$ を変化させた場合に，物質中に残る電荷がすぐには移動せず，以前の電界の影響で $D$ が残ったままになる現象を示す．この特性を観測することにより，物質が強誘電体か常誘電体かを判定することができる．

誘電体は電気を蓄積する性質だけではなく物質によっては機械的な応力により電気を生じる圧電性，加熱によって電気を生じる焦電性の性質を有するものもあり，これらの特性の関係には一般的に，

$$\text{誘電体} \supset \text{圧電性結晶} \supset \text{焦電性結晶} \supset \text{強誘電性結晶}$$

の関係がある．

(a) 強誘電体 BaTiO₃

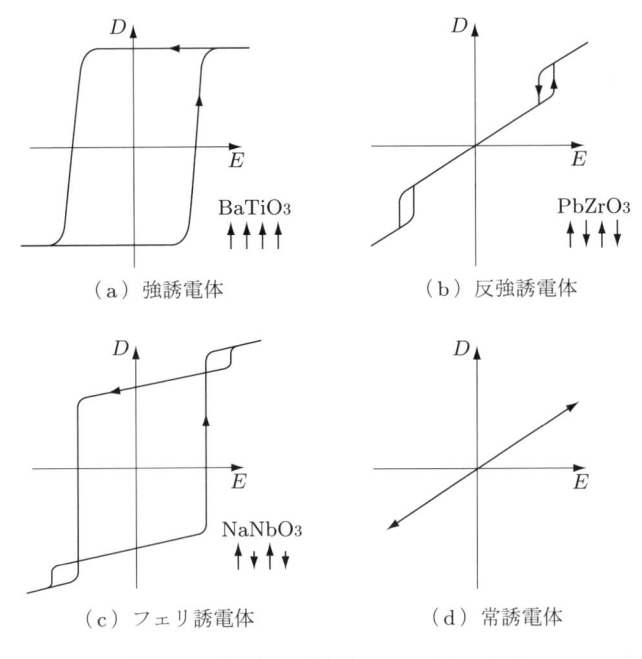

(b) 反強誘電体 PbZrO₃

(c) フェリ誘電体 NaNbO₃

(d) 常誘電体

図 15.1 誘電体の種類とヒステリシス曲線

## 15.2 誘電率と分極の関係

誘電体が電気を蓄積する能力を表すのに誘電率が用いられる．この誘電率 $\varepsilon$ を用いると誘電体に蓄積される静電エネルギーは，電界を $E$ として，$\frac{1}{2}\varepsilon E^2$ で与えられる．真空の誘電率 $\varepsilon_0$ ($\varepsilon_0 = 8.855 \times 10^{-12}$ [F/m])で物質の誘電率を割った値 $\varepsilon_r = \dfrac{\varepsilon}{\varepsilon_0}$ を**比誘電率**といい，通常この値が物質の物性値として用いられる．

真空中に電極板を 2 枚向かい合わせたコンデンサを考える．これに電圧を印加すると極板に電荷 $q_f$ が図 15.2（a）のように蓄積される．印加電圧をそのまま保ち，誘電体を挿入すると（b）のように分極によって電荷 $q_b$ は打ち消され（束縛され），極板間の電圧が印加電圧 $V$ になるように電源からこの束縛された分の電荷 $q_b$ が流れ込む．その結果，全体として蓄積された電荷（真電荷）は，

$$q_t = q_f + q_b \tag{15.1}$$

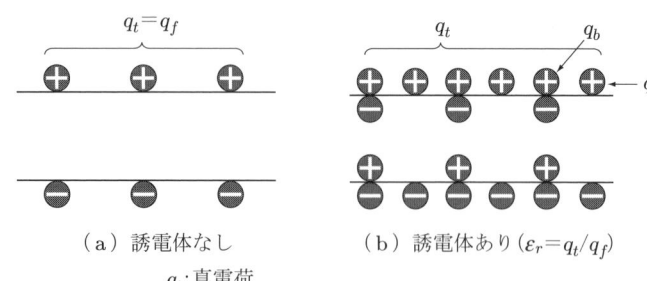

(a) 誘電体なし　　　(b) 誘電体あり($\varepsilon_r = q_t/q_f$)

$q_t$:真電荷
$q_b$:束縛電荷(誘電体挿入により追加帯電)
$q_f$:自由電荷(電界形成に寄与)

図 **15.2**　電荷蓄積への誘電体の効果

となる．すなわち，誘電体の挿入によって $\varepsilon_r = q_t/q_f$ 倍の電荷が蓄積されたことになる．電荷 $q_t$ による電束密度は $\boldsymbol{D} = \varepsilon_0 \varepsilon_r \boldsymbol{E}$ であり，$q_b$ による**分極 $\boldsymbol{P}$** であるから，

$$q_b = q_t - q_f = \frac{\varepsilon_r - 1}{\varepsilon_r} q_t \tag{15.2}$$

の式に代入して，

$$\boldsymbol{P} = \frac{\varepsilon_r - 1}{\varepsilon_r} \varepsilon_0 \varepsilon_r \boldsymbol{E} = \varepsilon_0 (\varepsilon_r - 1) \boldsymbol{E} \tag{15.3}$$

が得られる．この式は電界 $\boldsymbol{E}$ が印加されると分極 $\boldsymbol{P}$ が発生することを意味している．$\boldsymbol{D}$，$\boldsymbol{E}$，$\boldsymbol{P}$ などの太い文字はベクトル表示である．

## 15.3　局所電界

誘電体内には分極が形成されており，物質内部の電界はこの影響を受けるため必ずしも外部電界 $\boldsymbol{E}$ に等しくない．分極を評価するには分子1個に作用する電界を知る必要があり，この電界を局所電界という．以下ではこの電界を求めてみよう．注目している分子の近くでは，分子，原子が互いに区別されるが，遠くの位置では他の分子，原子が連なって連続的な物質に見える．図15.3 (a) のように，正確には注目する分子の周りのすべての分子，原子の寄与を外部電界に加えることにより，局所電界 $\boldsymbol{E}_i$ が求められる．簡単のため，ここでは (b)

15.3 局所電界

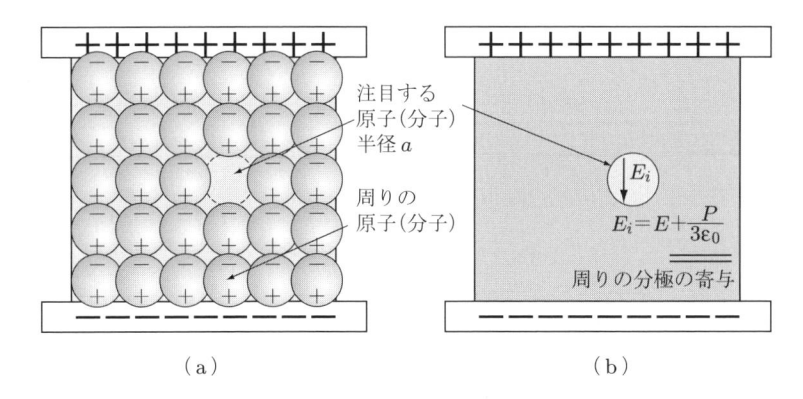

**図 15.3** 注目する分子の周りの分極の寄与

のように，注目する分子の存在する領域を半径 $a$ の球状の領域とし，その周りに連続的な誘電体が存在するものとして局所電界を計算する．この球状の領域に作用する電界は，外部電界 $\boldsymbol{E}$ の他に球の外部の誘電体の分極による電界がある．この分極による電界は，球の表面の電荷の寄与を合計して，

$$（周りの分極の寄与）= \frac{P}{3\varepsilon_0}$$

となる．ただし，これは分子の形状を球と仮定しているため，一般的に，

$$\boldsymbol{E}_i = \boldsymbol{E} + \gamma \boldsymbol{P} \tag{15.4}$$

となり，立方晶系など単純な場合に，$\gamma = \dfrac{1}{3\varepsilon_0}$ になる．このとき，式 (15.3) を用いて，

$$\boldsymbol{E}_i = \boldsymbol{E} + \frac{\boldsymbol{P}}{3\varepsilon_0} = \frac{1}{3}(\varepsilon_r + 2)\boldsymbol{E} \tag{15.5}$$

となる．$\boldsymbol{E}_i$ はローレンツ [**Lorentz**] **内部電界**とよばれ，$\gamma$ は内部電界定数とよばれている．

**例題 15.1** ローレンツ内部電界は式 (15.5) で与えられる．比誘電率が 3 のとき，局所電界 $E_i$ は外部電界 $E$ の何倍になっているか．

**解答** 式 (15.5) より,

$$\frac{E_i}{E} = \frac{\varepsilon'_r + 2}{3} = \frac{3+2}{3} \simeq 1.67$$

となる. ∎

## 15.4 誘電率の表現式

誘電率を支配するのは**電気双極子**（分極）であり，これはつぎの二つに分類される．

電気双極子 $\begin{cases} 永久双極子 \\ 誘起双極子 \end{cases}$

永久双極子とは原子（分子）の結合によって生じたものであり，結合する原子とその結合の仕方によって大きさが決まってくる．これに対し，誘起双極子は電界が印加されて発生するものを指す．これらの双極子の大きさを表すのに**双極子モーメント**が用いられる．図 15.4 に示したように双極子モーメントは [電荷]×[距離] である．ここでは誘起双極子による誘電率の式（**クラジウス–モソッティ [Clausius–Mosotti] の式**）と永久双極子も存在する場合の式（**ランジュバン–デバイ [Langevin–Debye] の式**）の順で説明する．

図 15.4 双極子モーメント

**（1）クラジウス–モソッティの式**

誘起双極子モーメント $m$ は**分極率** $\alpha$ を用いて電界との積として与えられる．

$$m = \alpha E \tag{15.6}$$

すなわち，$i$ 種分子の分極率を $\alpha_i$，単位堆積中の分子数を $N_i$ とすると，分極 $P$ は

## 15.4 誘電率の表現式

$$P = \sum_i N_i m_i = \sum_i N_i \alpha_i (E + \gamma P) \tag{15.7}$$

となる．これに $P$ と $E$ の関係を与える式 (15.3) を代入して，

$$\varepsilon_r - 1 = \sum_i N_i \alpha_i \left\{ \frac{1}{\varepsilon_0} + \gamma(\varepsilon_r - 1) \right\} \tag{15.8}$$

が得られる．この式において，気体中の場合のように $\gamma = 0$ のときは，

$$\varepsilon_r - 1 = \frac{1}{\varepsilon_0} \sum_i N_i \alpha_i \tag{15.9}$$

固体，液体中で $\gamma = \dfrac{1}{3\varepsilon_0}$ のときは，

$$\frac{\varepsilon_r - 1}{\varepsilon_r + 2} = \frac{1}{3\varepsilon_0} \sum_i N_i \alpha_i \tag{15.10}$$

となる．この式をクラジウス–モソッティの式という．この式を利用して誘電率の測定結果から分子の分極率を求め，分子構造を議論することができる．

**例題 15.2** 25℃で1気圧のアルゴンガスを封入した金属板間の静電容量を測定し，比誘電率を計算したところ 1.000504 であった．アルゴン原子の分極率を計算しなさい．

**解答** 1気圧，0℃で1モルの体積は 22.4 $l$ であり，体積は絶対温度に比例するから，単位体積中のモル数は

$$\frac{n}{V} = \frac{1}{0.0224} \times \frac{273.15}{273.15 + 25} = 40.9 \, [\text{mol/m}^3]$$

である．

アルゴンガスの比誘電率は，1.000504 と測定されているので，式 (15.9) より

$$1.000504 - 1 = \frac{40.9 \times 6.022 \times 10^{23}}{8.854 \times 10^{-12}} \alpha$$

から，

$$\alpha = 0.000504 \times \frac{8.854 \times 10^{-12}}{40.9 \times 6.022 \times 10^{23}} = 1.81 \times 10^{-40} \text{ [Fm}^2\text{]}$$

となる．なお，ここでは，SI 単位系を用いており，MKS 単位系では，

$$\alpha = 1.63 \times 10^{-24} \text{ [cm}^3\text{]}$$

となる． ∎

### （2）ランジュバン-デバイの式

永久双極子が誘電率の大きさに寄与するのは電界方向成分である．すなわち，実効的な双極子モーメント $\langle m \rangle$ は，

$$\langle m \rangle = \mu \langle \cos\theta \rangle \tag{15.11}$$

で与えられる．双極子は熱じょう乱のために種々の方向をとっているので，双極子が平均として有する余弦を用いている．

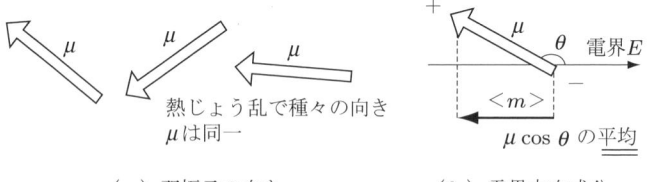

（a）双極子の向き　　　　（b）電界方向成分

図 15.5　永久双極子モーメントの寄与

$\langle \cos\theta \rangle$ は，ランジュバン [Langevin] 関数 $L(x)$ を使って次式で与えられる．

$$\langle \cos\theta \rangle = L(x) = \coth x - \frac{1}{x}$$
$$x = \frac{\mu E_i}{k_B T} \tag{15.12}$$

通常 $x \ll 1$ であるから

$$\frac{\langle m \rangle}{\mu} \approx \frac{x}{3} = \frac{\mu E_i}{3k_B T}$$

となり，

$$\langle m \rangle = \frac{\mu^2}{3k_B T} E_i \tag{15.13}$$

とおくことができる．原子・分子が存在すると誘起双極子を発生するので，誘電率の計算にはこの分も含めなければならない．したがって，$\gamma = 0$ のときは

$$\varepsilon_r - 1 = \frac{1}{\varepsilon_0} \sum_i N_i \left( \alpha_i + \frac{\mu_i^2}{3k_B T} \right) \tag{15.14}$$

$\gamma = \dfrac{1}{3\varepsilon_0}$ のときは

$$\frac{\varepsilon_r - 1}{\varepsilon_r + 2} = \frac{1}{3\varepsilon_0} \sum_i N_i \left( \alpha_i + \frac{\mu_i^2}{3k_B T} \right) \tag{15.15}$$

となる．この式 (15.15) をランジュバン－デバイの式，あるいは単にデバイ [Debye] の式という．

いま，1 種類の分子のみが存在すると仮定すると，分子数 $N$ は

$$N = N_0 \frac{\rho}{M} \tag{15.16}$$

ただし，$N_0$：アボガドロ数，$\rho$：密度，$M$：分子量

で与えられるので，$N_0$ 個の分子あたりの分極は

$$P_m = \frac{\varepsilon_r - 1}{\varepsilon_r + 2} \frac{M}{\rho} = \frac{N_0}{3\varepsilon_0} \left( \alpha + \frac{\mu^2}{3k_B T} \right) \tag{15.17}$$

が得られ，これを分子分極という．図 15.6 に $P_m$ と $1/T$ の関係についての例を示す．式 (15.15) を用いることにより，$1/T \to 0$ の値から分極率 $\alpha_i$ に関する値が，傾きから $\mu_i$ に関する値が評価される．無極性では $\mu = 0$ のため，$P_m$ は温度に依存性を示さず，有極性になるほど依存性が大きい．図 15.7 に代表的な分子の永久双極子を示す．(a) 水分子や (b) $CH_3Cl$ 分子では有極性で $\mu$ が大きいが，(c) メタン ($CH_4$) 分子では無極性で $\mu = 0$ であることがわかる．

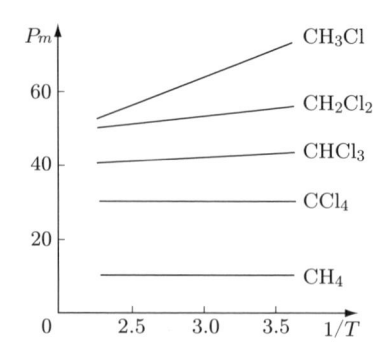

図 15.6 分子分極 $P_m$ と $1/T$ の関係

（a）水分子　　（b）$CH_3Cl$ 分子　　（c）メタン($CH_4$)分子

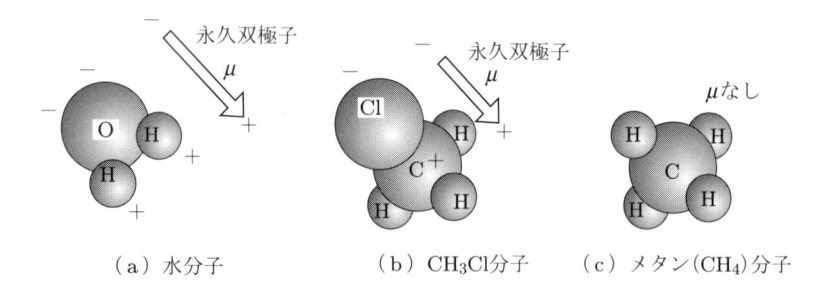

図 15.7 代表的な分子の永久双極子

## 15.5 分極の種類と物質の誘電率

分極の種類は電子分極，原子分極および双極子分極（配向分極ともいう）に分けられる．電荷の巨視的な移動によって，異なる誘電体間や局所的に蓄積して生じる**界面分極**もある．ここでは前者についてのみ述べる．

### （1）電子分極

すべての原子は正電荷をもつ原子核と負電荷をもつ電子から構成されている．この電子は電界印加によって偏極し，結果として分極を発生する．この種の分極は追従が速いので，電気振動に対する損失は無視できる．この固有振動は光の領域であり，その比誘電率 $\varepsilon_r$ と光学屈折率 $n$ との間には $\varepsilon_r = n^2$（マクスウェルの関係）の関係がある．誘電率がこの分極によっている物質の例を表 15.1 に挙げる．

表 15.1 物質の比誘電率

| 材料 | 比誘電率 | (屈折率)$^2$ |
|---|---|---|
| ポリスチレン | 2.55 | 2.53 |
| ポリエチレン | 2.30 | 2.28 |
| テフロン | 2.10 | 1.89 |
| ダイヤモンド | 5.68 | 5.66 |

(2) 原子分極

荷電した原子が互いに反対方向に運動することによって分極が発生する．この固有振動は赤外領域にあり，誘電損失は電気周波数では無視できる．電子分極の場合に比べて一般に電荷もその運動範囲は大きいので，誘電率への寄与が大きい．原子分極の大きさは $\varepsilon_r$ と $n^2$ の差 $(\varepsilon_r - n^2)$ から知ることができる．表 15.2 に物質例を挙げる．

表 15.2 物質の比誘電率

| 材料 | 比誘電率 | (屈折率)$^2$ |
|---|---|---|
| シリカ ($SiO_2$) | 3.85 | 1.96 |
| マイカ | 6.90 | 2.25 |
| ルチル ($TiO_2$) | 96 | 8.4 |

(3) 双極子分極（配向分極）

双極子分極は，双極子モーメント $\mu$ をもつ分子が熱運動に逆らい電界方向に向くことによって分極として寄与するので，配向分極ともよばれる．電気陰性度の高い基が分子に結合し，電荷配置が非対称になるほど，双極子モーメントが大きくなる（表 15.3）．双極子分極の場合は前に述べたように温度に依存して誘電率が変化する．また双極子の大きさによって周波数にも依存し配向のしやすさが決まるので，温度と周波数を指定しないと誘電率の値が定まらない．

表 15.3 物質の比誘電率（室温）

| 材料 | 比誘電率 |
|---|---|
| アンモニア ($NH_3$) | 17.8 |
| 重水 ($D_2O$) | 78.3 |
| 塩化水素 (HCl) | 4.6 |
| 水 ($H_2O$) | 61.5 |
| エチルアルコール ($C_2H_5OH$) | 4.7 |

## 15.6 誘電分散

誘電率の大きさを決めているのは，すでに述べたように電子分極，原子分極および双極子分極である．これらの分極はその大きさ，周囲との関係によって固有振動数が決まってくる．したがって，印加電圧の周波数を変化させると，これに応答する分極が変わってくる．このように，誘電率が周波数によって変化する現象を**誘電分散**という．図15.8に誘電率および誘電損率（付録J参照）の周波数変化を示した．低周波数側から双極子分極，原子分極および電子分極の順になっている．双極子分極の振動は緩和型，また原子分極および電子分極の振動は共鳴型である．電気材料としての誘電体では通常双極子分極の振る舞いが重要であるので，ここでは緩和型の場合についての取り扱いを述べる．双極子分極の大きさを $P_d$ とすると緩和現象は

$$\frac{dP_d}{dt} = -\frac{P_d}{\tau} + \beta E \tag{15.18}$$

と書くことができる．静電界の定常状態で $dP_d/dt = 0$ であるから $\beta$ は，

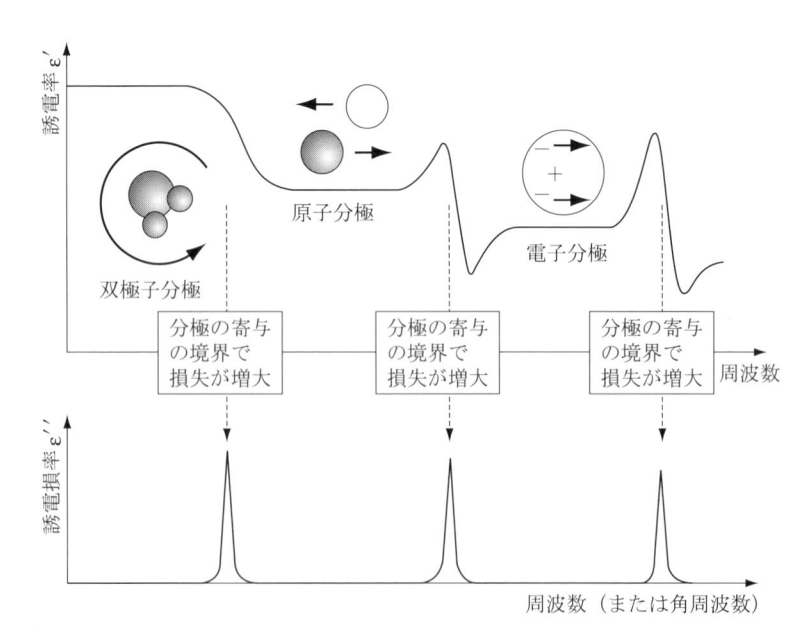

図 15.8 誘電率 $\varepsilon'$ および誘電損率 $\varepsilon''$ の周波数変化

$$\beta = \frac{1}{\tau}\frac{P_d}{E} = \frac{N\alpha_d|_{\omega=0}}{\tau} \tag{15.19}$$

となる．$\alpha_d|_{\omega=0}$ は直流電界（静電界）での双極子分極の分極率を表している．交流電界 $\dot{E} = E_0 \exp(j\omega t)$ では分極 $P_d$ は $P_d = P_{d_0}\exp(j\omega t)$ とおくことができるので，式 (15.18)，(15.19) から

$$P_{d_0} = \frac{N\alpha_d|_{\omega=0}}{1 + j\omega\tau} E_0 \tag{15.20}$$

となる．したがって，任意の周波数に対する分極率 $\alpha_d$ は

$$\alpha_d = \frac{\alpha_d|_{\omega=0}}{1 + j\omega\tau} = \frac{1}{1 + j\omega\tau}\frac{\mu^2}{3k_B T} \tag{15.21}$$

となる．結局，電子分極，原子分極を含めた分極率 $\alpha$ も考慮すると，**複素比誘電率** $\varepsilon_r{}^*$ は

$$\frac{\varepsilon_r{}^* - 1}{\varepsilon_r{}^* + 2} = \frac{N}{3\varepsilon_0}\left(\alpha + \frac{\mu^2}{3k_B T}\frac{1}{1 + j\omega\tau}\right) \tag{15.22}$$

となる．これをデバイの式という．$\omega \to 0$ の $\varepsilon_r$ を $\varepsilon_{r_0}$，$\omega \to \infty$ の $\varepsilon_r$ を $\varepsilon_{r_\infty}$ とすると，$\varepsilon_r{}^* = \varepsilon_r' - j\varepsilon_r''$ の $\varepsilon_r'$，$\varepsilon_r''$ はそれぞれ

$$\varepsilon_r' = \varepsilon_{r_\infty} + (\varepsilon_{r_0} - \varepsilon_{r_\infty})\frac{1}{1 + x^2} \tag{15.23}$$

$$\varepsilon_r'' = (\varepsilon_{r_0} - \varepsilon_{r_\infty})\frac{x}{1 + x^2} \quad \text{ただし，} x = \left(\frac{\varepsilon_{r_0} + 2}{\varepsilon_{r_\infty} + 2}\right)\omega\tau \tag{15.24}$$

となる．式 (15.24) から $\varepsilon_r''$ が最大値をとるのは，

$$\omega_\mathrm{m} = \frac{\varepsilon_{r_\infty} + 2}{\varepsilon_{r_0} + 2}\frac{1}{\tau} \tag{15.25}$$

であることがわかる．また，式 (15.23) と式 (15.24) から $x$ を消去すると

$$\left(\varepsilon_r' - \frac{\varepsilon_{r_0} + \varepsilon_{r_\infty}}{2}\right)^2 + \varepsilon_r''^2 = \left(\frac{\varepsilon_{r_0} - \varepsilon_{r_\infty}}{2}\right)^2 \tag{15.26}$$

のコール-コール［**Cole-Cole**］則が導かれる．これは図 15.9 に示したよう

に半円弧で表されるので，コール－コールの円弧則ともいわれる．実験結果がこの円弧則に従うことがわかれば，式 (15.26) から $\varepsilon_{r_0}$, $\varepsilon_{r_\infty}$ が評価できる．さらに分子密度がわかれば，分極率 $\alpha$, 双極子モーメント $\mu$ も知ることが可能である．

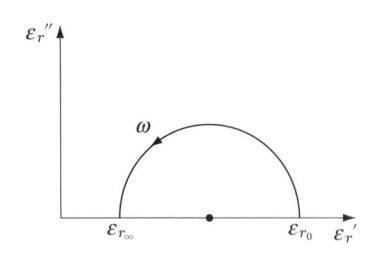

図 15.9 コール－コールの円弧

**例題 15.3** 氷の誘電率を $-5\,\mathrm{°C}$ で調べ，コール－コールの円弧則を適用したところ，$\varepsilon'_{r_0} = 75$, $\varepsilon'_{r_\infty} = 3.0$, $\tau = 3.1 \times 10^{-5}$ [s] を得た．0.1 [Hz], 100 [Hz], 1 [MHz] における比誘電率 $\varepsilon'_r$ と比誘電損率 $\varepsilon''_r$ を計算しなさい．

**解答** 周波数 $f$ のとき $\omega = 2\pi f$ を

$$x = \left(\frac{\varepsilon_{r_0} + 2}{\varepsilon_{r_\infty} + 2}\right)\omega\tau$$

に代入して，

$$x = \left(\frac{75 + 2}{3.0 + 2}\right) \times 2\pi f \times 3.1 \times 10^{-5}$$

$$= \frac{77}{5} \times 3.1 \times 10^{-5} \times 2\pi f \cong 3 \times 10^{-3} f$$

が得られる．これを式 (15.23), 式 (15.24) に代入して，

$$\varepsilon'_r = 3.0 + (75 - 3) \times \frac{1}{1 + (3 \times 10^{-3} f)^2}$$

$$\varepsilon''_r = (75 - 3) \times \frac{(3 \times 10^{-3} f)}{1 + (3 \times 10^{-3} f)^2}$$

となる．題意の周波数に対して，

0.1 [Hz] のとき，$\varepsilon_r' = 75$, $\varepsilon_r'' = 2.2 \times 10^{-2}$
100 [Hz] のとき，$\varepsilon_r' = 41$, $\varepsilon_r'' = 1.1 \times 10^1$
1 [MHz] のとき，$\varepsilon_r' = 3.0$, $\varepsilon_r'' = 2.4 \times 10^{-2}$

となる．比誘電率，比誘電損率となり，大きな周波数依存性を示す． ∎

## 15.7 強誘電体

強誘電体が常誘電体と異なる大きな特徴は，自発分極をもち誘電率が大きいこと，およびヒステリシス現象を示すことである．

### (1) 自発分極の発生と分域

自発分極が発生するのは双極子が整列するためである．これがどうして起こるかをつぎに示す．

原点に双極子 $\boldsymbol{\mu}_1$ をおいたとき，$\boldsymbol{r}$ 点の点電荷に働く力 $\boldsymbol{f}$ は電磁気学より次式で与えられる．

$$\boldsymbol{f} = \frac{3(\boldsymbol{\mu}_1 \cdot \boldsymbol{r})}{r^5} \cdot \boldsymbol{r} - \frac{\boldsymbol{\mu}_1}{r^3} \tag{15.27}$$

ここで・はベクトルの内積を示す．

別の点に双極子 $\boldsymbol{\mu}_2$ を置いたとき，二つの点双極子間に働く静電的相互作用エネルギーは（第2の双極子を無限遠から $\boldsymbol{r}$ までもってくるのに必要なエネルギーであるから）

$$W = -\boldsymbol{f} \cdot \boldsymbol{\mu}_2 = -\frac{3}{r^5}(\boldsymbol{\mu}_1 \cdot \boldsymbol{r})(\boldsymbol{\mu}_2 \cdot \boldsymbol{r}) + \frac{\boldsymbol{\mu}_1 \cdot \boldsymbol{\mu}_2}{r^3} \tag{15.28}$$

となる．具体例を図 15.10 に示す．式 (15.28) から $W$ を計算するとそのエネルギーの大きさの順は，(d) > (c) > (b) > (a) となることがわかる（問題 15.3）．すなわち (a) のように縦に並ぶものがもっとも安定であるといえる．この理由により，双極子は同一の方向に配列する傾向をもつ．しかしながら，双極子が同一方向に整列すれば表面に電荷が現れ，周りの空間に大きな静電エネルギーが蓄えられる．これを少なくするために，実際には図 15.11 に示すように多くの分域（ドメイン）に分かれるのが普通である．

(a) (b) (c) (d)

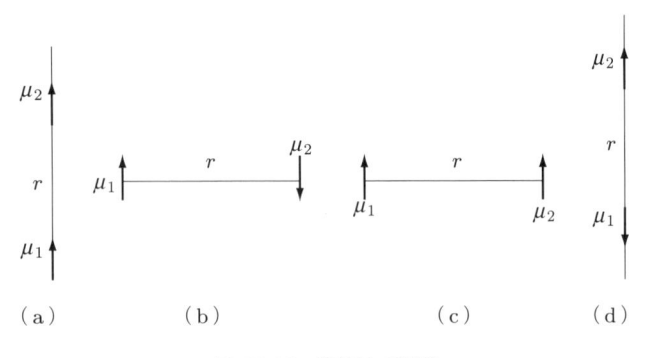

図 15.10 双極子の配列

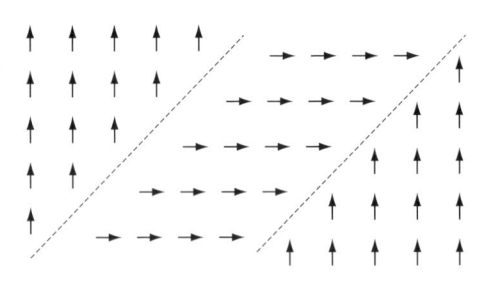

図 15.11 分域（ドメイン）の形成

## （2）相転移

前述のように静電エネルギーの理由から双極子が整列しても，実際には熱じょう乱が働き，高温になれば双極子が無秩序に配列するようになる．このため強誘電体は常誘電体に変わる．この温度を**キュリー点**という．この関係を図15.12に示す．

| 低温 | 高温 |
|---|---|
| 双極子相互作用 ＞ 熱じょう乱 | 熱じょう乱 ＞ 双極子相互作用 |
| 双極子の配列 → 規則性 | 双極子の配列 → 無秩序 |
| 強誘電体 | 常誘電体 |

相転移
キュリー点 $T_C$

キュリー点以上では誘電率はつぎのキュリー–ワイス［**Curie-Weiss**］の法則に従う．

## 15.7 強誘電体

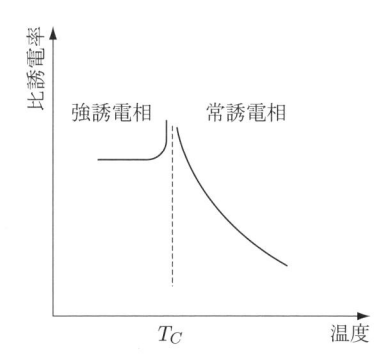

図 15.12 相転移と誘電率の変化

$$\varepsilon = \varepsilon_\infty + \frac{C}{T - T_0} \qquad (T > T_C) \tag{15.29}$$

双極子相互作用と熱じょう乱の関係は熱力学から理解するとわかりやすい．ギブスの自由エネルギー $G$ は

$$G = U - TS - \boldsymbol{P} \cdot \boldsymbol{E} \tag{15.30}$$

ただし，$U$：内部エネルギー，$T$：温度，
$S$：エントロピー，$\boldsymbol{P}$：分極，$\boldsymbol{E}$：電界

で与えられ，エントロピー $S$ は

$$S = k_B \ln W \tag{15.31}$$

ただし，$W$：配列の仕方の数，$k_B$：ボルツマン定数

で与えられる．温度 $T$ が小さいときは $TS$ 項の $G$ に対する寄与が小さいので，$P$ が大きいほど $G$ が小さくなり安定になる．これに対し，温度 $T$ が大きいときは $TS$ の寄与が大きいので，$S$ が大きいほど，すなわち双極子の配列の乱れが大きいほど $G$ は小さく安定になる．

## （3）圧電効果

固体に応力を加え変形させたときに，電荷分布の変化が生じ分極が発生することがある．これを圧電効果という．たとえば，図 15.13 のような構造の結晶における破線部を考えるとわかりやすい．横に引張れば分極が上向きに，圧縮すれば分極が下向きに生じる．

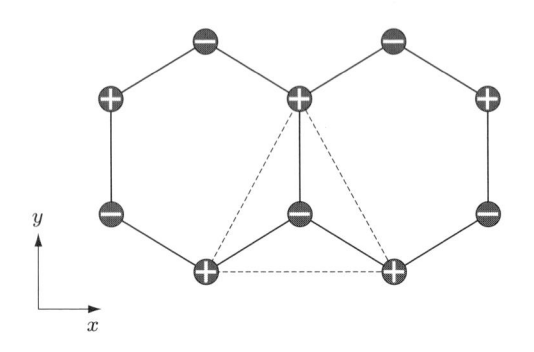

図 15.13　圧電効果

## （4）電気光学効果と非線形光学効果

$NH_4H_2PO_4$（ADP）や $KH_2PO_4$（KDP）などの強誘電体に電界を印加すると生じた応力による変形のため屈折率が方向によって変わる現象がある．これを電気光学効果という．機械力によっても同様に生じるが，この場合は弾性光学効果という．

結晶に光を入射させた場合，結晶内の任意の点における光の電界 $\boldsymbol{E}$ のもつエネルギー $U$ は，

$$U = \frac{1}{2}\sum_{ij}\varepsilon_0\varepsilon_{ij}E_iE_j = \frac{1}{2}\varepsilon_0(\varepsilon_{11}E_1{}^2 + \varepsilon_{22}E_2{}^2 + \varepsilon_{33}E_3{}^2)$$

$$= \frac{1}{2\varepsilon_0}\left(\frac{D_1{}^2}{\varepsilon_{11}} + \frac{D_2{}^2}{\varepsilon_{22}} + \frac{D_3{}^2}{\varepsilon_{33}}\right)$$

で与えられる．この値は光の方向によらず一定である．ここで，さらに $\dfrac{D_1{}^2}{2\varepsilon_0 U} = x^2$, $\dfrac{D_2{}^2}{2\varepsilon_0 U} = y^2$, $\dfrac{D_3{}^2}{2\varepsilon_0 U} = z^2$ とおくと

$$\frac{x^2}{\varepsilon_{11}} + \frac{y^2}{\varepsilon_{22}} + \frac{z^2}{\varepsilon_{33}} = 1 \tag{15.32}$$

が得られる．屈折率を $n_1, n_2, n_3$ とすると $n_1{}^2 = \varepsilon_{11}$, $n_2{}^2 = \varepsilon_{22}$, $n_3{}^2 = \varepsilon_{33}$ であるから，上式は屈折率楕円体の式となる．これに外力をかけると屈折率楕円体が変形し，光学的性質が変わる．

また，強誘電体にレーザ光のように強い光を照射すると電磁波の電界成分 $\boldsymbol{E}$ によって分極 $\boldsymbol{P}$ は高次の項も含んだ式

$$\boldsymbol{P} = \chi' \cdot \boldsymbol{E} + \chi'' : \boldsymbol{E} \cdot \boldsymbol{E} + \chi''' \vdots \boldsymbol{E} \cdot \boldsymbol{E} \cdot \boldsymbol{E} + \cdots \tag{15.33}$$

（・はベクトル積を，：，$\vdots$ 等はマトリクス係数との積であることを示す）

で表される．分極 $\boldsymbol{P}$ が電界の依存性において二次以上の項が重要になってくる効果を非線形光学効果といい，第2項からは2倍の光高調波が発生することが導かれる．この効果を応用することによって光高調波の発生，光周波数の変換などが可能であり，工学上も注目されている．

## 15.8　電気伝導

　誘電体の電気的性質を大きく分けると，誘電特性と絶縁特性に分けることができる．前者については誘電率および誘電損率がその物性量であり，荷電粒子の微視的移動に基づく特性である．一方，後者の絶縁特性とは，通常絶縁抵抗あるいは導電率と，絶縁破壊電界の特性を指し，荷電粒子の巨視的移動に基づく現象の特性である．本節ではこの後者について述べる．

### （1）電気伝導過程

　誘電体は一般に電気を流さない絶縁体であり，その体積抵抗率は非常に大きい．導体と半導体・絶縁体とは抵抗率の温度依存性が異なる．電流の大きさは電荷をもつ粒子が単位時間にどれだけ移動するかによって決まる．すなわち，電荷 $e$ をもつキャリア密度 $n$ とその移動速度 $v_d$ によって次式で与えられる．

$$J = env_d \tag{15.34}$$

この移動速度 $v_d$ は低い電界では電界 $E$ に比例し

$$v_d = \mu E \tag{15.35}$$

と考えることができる．$\mu$ を移動度という．誘電体ではキャリア密度も小さく，移動度も小さいため電流がきわめて小さい．キャリア源については，電子や正孔の場合でも禁制帯幅（バンドギャップ）が大きいために熱的に励起されるものは少なく，不純物や欠陥に起因する場合が多く，イオンの場合も不純物などの解離による場合が多い．また，高電界では電極から注入される場合もある．

キャリアの移動の方法には**バンド伝導型**と**ホッピング伝導型**の 2 通りが考えられる．前者のバンド伝導型とは，伝導帯あるいは充満帯中を電子あるいは正孔が移動する場合であり，移動度の大きさは $\mu \gg 1\,[\mathrm{cm^2/Vs}]$ と考えられている．実用の誘電体では $\mu \ll 1\,[\mathrm{cm^2/Vs}]$ の場合が多く，ホッピング伝導型と考えられている場合が多い．

いままで述べたのは，電圧印加後長時間が経過し定常状態になった場合の電流である．誘電体は分極を有しており，電圧印加直後の過渡状態においてはこの分極による変位電流が流れる．交流電圧やパルス電圧の場合にはこの電流成分が大きく伝導電流が観測されない場合が多い．図 15.14 にステップ電圧を印加した場合の電流の時間変化を模式的に示した．電圧印加直後には応答の速い電子分極，原子分極などによる変位電流（瞬時充電電流）が流れ，それに引き続き応答のやや遅い分極，たとえば永久双極子による**変位電流**（吸収電流）が流れる．その後に定常もれ電流が観測されるようになる．このため，電流測定の際に観測される電流－時間特性も誘電体の電気的性質を知るうえで重要である．

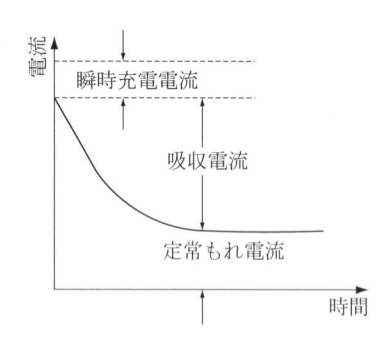

図 15.14　ステップ電圧を印加した場合の電流の時間変化

## （2）電気伝導機構

一般には誘電体では電流が流れにくいため，電荷が局所的に蓄積したり，部分的（特に電極近く）に高電界が発生したり，複雑な現象を呈する場合があり，すべての過程を考慮した電気伝導理論を考えることは非常に難しい．電流は式 (15.34)，(15.35) で示したように電荷密度（キャリア密度），移動度および電界に依存する．このいずれかに注目して展開された理論が多い．

まず，キャリアの発生に注目した理論から説明する．大きく分けて電極から注入される場合と固体内で発生する場合とに分けられる．電極から注入されるものでは**トンネル電流**と**ショットキー電流**が挙げられる．

### （a）トンネル電流

薄膜素子や層間絶縁では数十 [nm] 以下の比較的薄い誘電体が使われる場合も多く，低い電圧でも高い電界を印加した場合と同じとなり，流れる電流はトンネル効果によって起こる場合がある．この電流は量子力学を用いて計算され，ファウラー–ノルドハイム [Fowler–Nordheim] の式

$$J = AE^2 e^{-\frac{B}{E}} \tag{15.36}$$

となる．$A$, $B$ は温度に依存しない定数であるから電流自体も温度依存性を示さない．

### （b）ショットキー電流

金属電極から電子が放出される電流を熱電子放出電流といい，リチャードソン–ダッシュマンの式で表されることを述べた．誘電体では高い電界が印加される場合が多く，この電界の影響を受けてショットキー効果により電流が増加する．この電流はつぎのように表される．

$$J = \frac{4\pi e m k_B{}^2 T^2}{h^3} \exp\left(-\frac{\Phi_D - \beta_s \sqrt{E}}{k_B T}\right) \tag{15.37}$$

### （c）プール–フレンケル電流

つぎに固体内で発生するキャリアに注目した理論として，プール–フレンケル電流と電子なだれ電流について述べる．

図 15.15 に示された中性のドナーから電子が放出される場合，クーロンポテンシャルが生じるので，放出された電子はこの影響を受ける．誘電体の場合の

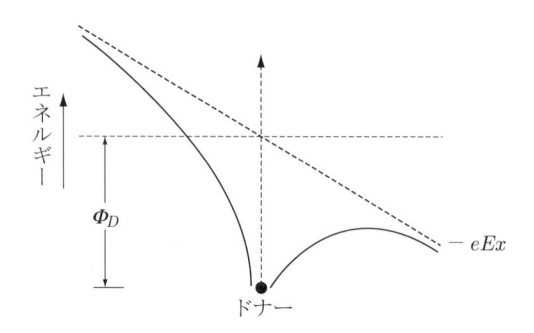

**図 15.15** プール-フレンケル放出

ように印加電界が高いときには，この電界がポテンシャルに影響し，電子の放出を助ける．この考え方は前述のショットキー電流の場合と似ており，この効果が無視されていた電流を $J_0$ とするとプール-フレンケル電流は，

$$J = J_0 \exp\left(\frac{\beta_{PF}\sqrt{E}}{k_B T}\right) \tag{15.38}$$

となる．これは電界に強く依存した電流である．$J_0$ は $J_0 = A\exp\left(-\frac{\Phi_D}{k_B T}\right)$ で表される．

### （d）電子なだれ電流

絶縁破壊を発生するような高い電界が印加されると電子が電界により加速され高いエネルギーを有するようになる．この電子は原子との衝突により新しい電子を発生させる．この生まれた電子も同様に加速されるため，電子が次々と増える（図 15.16）．この電流を電子なだれ電流という．この電流は電界の上昇とともにきわめて顕著に増加する．

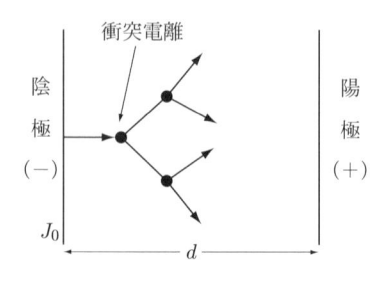

**図 15.16** 電子なだれ

(e) ホッピング伝導

つぎに，キャリアの移動に注目したホッピング伝導について説明する．

電子が不純物準位間を熱的に障壁を乗り越えながら電界方向に移動していくものであり，図 15.17 のポテンシャル障壁を考えることにより，次式のように計算される．

$$J = env = 2ena\nu \exp\left(-\frac{U}{k_B T}\right) \sinh\left(\frac{eEa}{2k_B T}\right) \quad (15.39)$$

$eEa \ll 2k_B T$ の低電界では

$$J \fallingdotseq ena\nu \exp\left(-\frac{U}{k_B T}\right) \frac{eEa}{k_B T} \propto E \quad (15.40)$$

でオーム則を満足するが，高電界では

$$J \fallingdotseq ena\nu \exp\left(-\frac{U}{k_B T}\right) \exp\left(\frac{eEa}{2k_B T}\right) \quad (15.41)$$

となり，電界に強く依存した電流となる．また，このホッピング伝導は指数部に温度 $T$ を含んでいるので温度にも依存している．

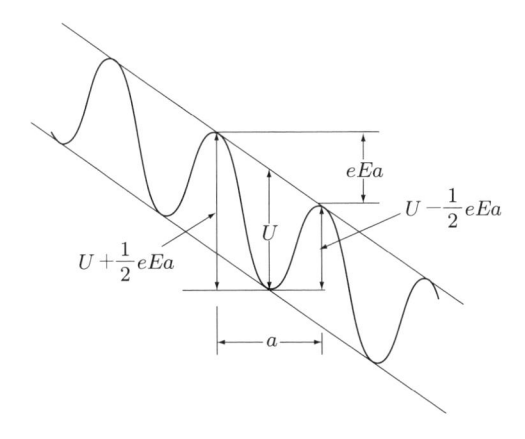

**図 15.17** 電子印加時のホッピング伝導のポテンシャル障壁

(f) 空間電荷制限電流

図 15.18 のように陰極付近にたくさんの電子が注入されて空間電荷として存

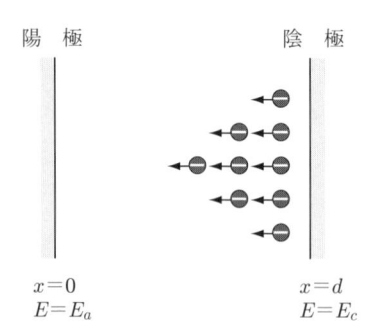

図 15.18 陰極からの電子の注入による空間電荷の形成

在する場合には，これによる電界分布が電子の移動に対して影響を与える．このように空間電荷が電気伝導特性を，支配する場合の電流を，空間電荷制限電流という．これは簡単な計算から次式が得られる（付録 H 参照）．

$$J = \frac{9}{8}\varepsilon\mu\frac{V^2}{d^3} \tag{15.42}$$

これは電圧の 2 乗に比例して増加する非線形特性を示す電流であり，厚さにも依存する特徴を有する．

## 15.9 絶縁破壊

誘電体は一般に導電電流をあまり流さないが，印加電界を上昇させていくと，電界がある値 $E_B$ に到達したとき電流が急増し，固体破壊が生じる．この現象を絶縁破壊という．

### （1）絶縁破壊の発生

絶縁性が悪く，比較的導電率の高い物質では低い電界でももれ電流が大きい．このような物質ではもれ電流によるジュール熱の発生が起因となって温度が上昇し，これが導電率の増加を招き，さらに熱が発生するという正のフィードバック過程により固体が融解あるいは熱分解し，固体の絶縁破壊が発生する．これを純熱破壊という．絶縁性の高い物質では固体内に破壊を起こす電子，正孔などのキャリアが少ないので，何らかの過程によりキャリアの増殖が必要である．高い電界を印加すると，キャリアが電界により加速されて高いエネルギーにな

り，格子原子との衝突電離によりキャリアの発生が可能となる．

このようにして発生した電子，正孔が原子間の結合の切断，すなわち，格子破壊が生じるに足る数に達すれば，固体破壊が生じる．これを電子的破壊という．前述の純熱破壊も含めて，破壊理論の分類を付録（付録I，図I.1）に示す．

**（2）破壊形態**
絶縁破壊はきわめて短時間に生じ，その過渡的過程を観察することは容易ではない．しかしながら，破壊穴，破壊路などを観察することにより破壊の過程を推察することが可能である．通常数ミクロンから数十ミクロンのフィルム状試料で観測される破壊の形態は単一穴である．これはプラスチックフィルムでも無機質のマイカ，ガラスなどでも同じである．

これに対して非常に薄い膜の場合には1枚の試料で多くの破壊穴が観察される．一度破壊しても破壊穴の周りの蒸着電極がなくなり，その部分には電圧がかからないので再び絶縁を維持することができる．これを**自己回復性破壊**という．このときの破壊値の推移をみると破壊回数とともに破壊値が増加し飽和する傾向を示している．この推移は膜に存在する多くの弱点が次々に破壊されていく様子を示している．多くの弱点が集中的に存在するときには破壊穴自体がつながった形（**プロパゲート破壊**という）をとる場合もある．

**（3）絶縁破壊特性**
絶縁破壊機構を知るうえで重要な特性について示す．
**（a）温度特性**
図15.19に固体誘電体の絶縁破壊における温度特性を示した．温度とともに

$\dfrac{\partial E_B}{\partial T} \geqq 0$　低温領域 $\begin{cases} 真性破壊 \\ 電子なだれ破壊 \\ トンネル破壊 \end{cases}$

$\dfrac{\partial E_B}{\partial T} < 0$　高温領域 $\begin{cases} 純熱破壊 \\ 機械的破壊 \end{cases}$

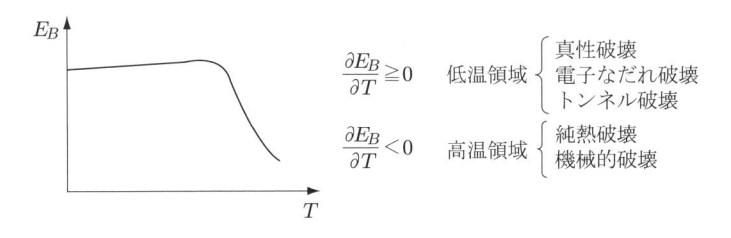

図 **15.19**　絶縁破壊の温度特性

若干 $E_B$ が増加する領域 $\left(\dfrac{\partial E_B}{\partial T} \geqq 0\right)$ を低温領域という．この領域では電子が加速され，衝突電離を生じる過程の真性破壊あるいは電子なだれ破壊理論によって説明される．また，特に薄いフィルムでは温度に依存しない特性がみられ，ツェナー破壊理論のようにトンネル電流に基づく機構によって説明される場合が多い．

一方，温度とともに，$E_B$ が低下する領域 $\left(\dfrac{\partial E_B}{\partial T} < 0\right)$ を高温領域という．この領域ではキャリアがすでに十分あり，ジュール熱によって破壊が引き起こされる純熱破壊あるいは不純物準位からの電子がエネルギーを得て破壊に導く電子熱破壊理論，機械的に破壊される電気機械破壊などによって理解される．

（b）厚さ特性

電子や正孔が固体中を衝突電離を行いながら電子，正孔数が増加する電子なだれ破壊の場合には図 15.20 に示すような特性がみられる．厚さ $d$ が薄くなると，電子なだれによりキャリア数を増加するのに走行距離が短いため，高い電界を要する．さらに薄くなると，もはや電子なだれではキャリアの増殖が不十分であり，ツェナー破壊のようにトンネル電流による破壊が生じるようになる．また，厚い試料では放熱が妨げられ温度上昇が容易となるので，熱破壊時の破壊電界は低下する．

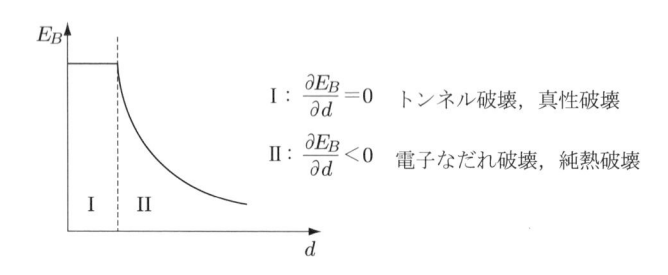

図 15.20 絶縁破壊の強さの厚さ特性

I : $\dfrac{\partial E_B}{\partial d} = 0$　トンネル破壊，真性破壊

II : $\dfrac{\partial E_B}{\partial d} < 0$　電子なだれ破壊，純熱破壊

（c）不純物効果

不純物効果は複雑であり，破壊電界を上昇させる効果も，低下させる効果もある．不純物の存在が，電子の加速を妨げるときには破壊電界を上昇させる．この現象は低温領域の破壊においてみられる．すなわち，電子なだれ，真性破壊理論などで説明される領域では不純物原子の存在が固体内の周期ポテンシャル

を乱すので電子が散乱され，電子加速が妨げられるためである．

一方，不純物の存在はしばしばキャリアの供給源となる．このため導電率が増加し，破壊電界の低下を招く場合がある．

## 演習問題

**15.1** 比誘電率 3.5 の材料を用いて使用電圧 1000 [V]，静電容量 1 [μF] の平行平板形コンデンサ作りたい．この材料に印加できる電界は 1 [MV/cm] 以下に抑えたい．形状をもっとも小さくするにはどのような寸法（面積と厚さ）にすればよいか．

**15.2** 損失のあるコンデンサはその等価回路として，コンデンサ C と抵抗 R の直列あるいは並列で表される．両方の場合において $\tan\delta$ を与える式を導きなさい．

**15.3** 図 15.10 に示される大きさの順を式 (15.28) から計算によって示しなさい．

**15.4** 比誘電率 2.2 の誘電体に室温で 1 [MV/cm] の電界を印加した．ショットキー効果によって電子が流れ込むとして電流密度は何倍に増加するか．

**15.5** $2\beta_s = \beta_{PF}$ となることを示しなさい．

**15.6** 面積 $10 \times 10\,[\text{cm}^2]$ の金属板間に比誘電率 3.0，厚さ 1.0 [mm] の誘電体を挿入してコンデンサを作った．静電容量を計算しなさい．

**15.7** 塩化水素分子の双極子モーメントは $\mu = 1.04\,[\text{Debye}]$ である．室温（25 [℃]）で，かなりの高電界である 1 [MV/cm] においても $x = \dfrac{\mu E_i}{k_B T} \ll 1$ となることを確認しなさい．

# 16章

# 磁 性

　自動車，電車のモータなどの磁気力を利用したもの，コンピュータの記録媒体であるディスクのように磁極を利用したものなど，電気電子工学技術の分野において，磁気的性質を用いたデバイスは非常に多く，また，日常生活において利用する機器・器具の中にも多くみられる．

　本章では，磁気分極の発生や磁性体の性質について述べる．

## 16.1 磁　性

　物質には磁気を示す性質のものがあり，この磁気はしばしば電気と対比して考えられ，磁気を生じるものを**磁極**といい，N極とS極がある．電気における正負の電荷の場合と同様に，同極性は反発し，異極性は引き合う性質を有し，いろいろな特性や，現象において電気と対照して考えると理解しやすい．電気との違いは，磁極は単独には存在することはできず，必ず反対極性とともに存在する点にある．強さ $m_1$ の磁極と $m_2$ の磁極との間には力 $f$ が働き，つぎの関係が成り立つ．

$$f = \frac{m_1 m_2}{4\pi\mu_0 r_{12}^2} \tag{16.1}$$

ここで，$r_{12}$ は二つの磁極間の距離，$\mu_0$ は真空の透磁率で $\mu_0 = 4\pi \times 10^{-7}$ [H/m] の値をもつ．磁極 $m$ が存在するとき，磁界 $H$ が生じ，磁極から距離 $r$ における磁界 $H$ は，

$$H = \frac{m}{4\pi\mu_0 r^2} \tag{16.2}$$

と表される．また，$+m$ と $-m$ が距離 $l$ を隔てて対を形成するとき，

$$\mu_m = ml \tag{16.3}$$

を**磁気モーメント**と定義する．磁性体とは，磁界 $H$ の中におかれたとき，磁気モーメントを生じる物質をいう．

## 16.2 透 磁 率

単位体積あたりの磁気モーメントを磁化 $M$ といい，磁界 $H$ との間につぎの関係がある．

$$M = \chi H \tag{16.4}$$

ここで，$\chi$ は磁化率とよばれている．磁性体の磁化は，この磁気モーメント $\chi H$ と真空の磁化 $\mu_0 H$ の和で与えられるから，磁束密度 $B$ は次式のように与えられる．

$$B = \mu_0 H + \chi H = (\mu_0 + \chi)H = \mu H \tag{16.5}$$

この $\mu$ を透磁率という．$\chi > 0$ の場合を常磁性，$\chi < 0$ の場合を反磁性という．

## 16.3 磁性の根源

### （1）電子の軌道運動による磁気モーメント

電磁気学において，面積 $S$ の平面回路に電流 $I$ を閉ループとして流したときには，磁気モーメント $M = \mu_0 IS$ が生じることが知られている．図 16.1 のように原子の周りに軌道運動している電子による磁気モーメントも同様に考えることができる．1 秒間に $\nu$ 回軌道を回っているとすると，軌道に沿って流れる電流の強さは $i = e\nu$ で表される．軌道半径を $r$ とすると，面積は $\pi r^2$ であり，

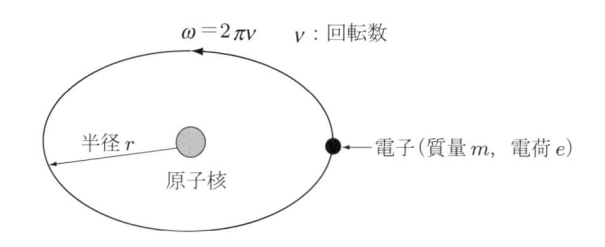

**図 16.1** 電子の軌道運動

その磁気モーメント $\mu_\mathrm{m}$ は,

$$\mu_\mathrm{m} = \mu_0 IS = \mu_0 e\nu\pi r^2 = \mu_0 \frac{e\omega}{2\pi}\pi r^2$$

$$= \frac{1}{2}\mu_0 e\omega r^2 \tag{16.6}$$

である.一方,この軌道運動に対して,力学的な角運動量 $p$ は

$$p = m\omega r^2 \tag{16.7}$$

で表される.上記の二式より,つぎの関係が得られる.

$$\mu_\mathrm{m} = \frac{\mu_0 e}{2m}p \tag{16.8}$$

すなわち,軌道角運動量と磁気モーメントには関係があることがわかる.実際には,原子軌道においては,$p$ は連続量ではなく,次式で表される不連続な値をとる.

$$p = \frac{h}{2\pi}\{l(l+1)\}^{\frac{1}{2}} \quad (l = 0,\ 1,\ 2,\ \cdots) \tag{16.9}$$

### (2) 電子のスピンによる磁気モーメント

電子は軌道運動のほかに,自転も行っている.この自転に基づく角運動を固有角運動量と称し,その大きさは,

$$p = \frac{h}{2\pi}s \quad \left(s = +\frac{1}{2},\ -\frac{1}{2}\right) \tag{16.10}$$

で与えられる.この $s$ をスピン量子数という.この固有角運動による磁気モーメントは

$$\mu_\mathrm{m} = \frac{\mu_0 e}{m}p = \frac{\mu_0 e}{m}\frac{h}{2\pi}s \tag{16.11}$$

と表される.量子力学的には,上式の $s$ の代わりに $\{s(s+1)\}^{\frac{1}{2}}$ で与えられる.すなわち,

$$\begin{aligned}
\mu_\mathrm{m} &= \frac{\mu_0 e}{m}\frac{h}{2\pi}\{s(s+1)\}^{\frac{1}{2}} = g\frac{\mu_0 e}{2m}\frac{h}{2\pi}\{s(s+1)\}^{\frac{1}{2}} \\
&= g\mu_B\{s(s+1)\}^{\frac{1}{2}} \\
&\fallingdotseq g\mu_B s \quad (s\text{ が大きいとき}) \tag{16.12}
\end{aligned}$$

である．ここで，$g$ は $g$ 因子とよばれ，スピン運動に対しては $g = 2.0023$ である．$\mu_B = \hbar\dfrac{\mu_0 e}{2m}$ をボーア磁子という．

### （3）フントの法則

多くの電子が一つの電子殻を占めるときには，パウリの排他律に従って配列するにしても，電子の状態のとり方として，いくつか可能な場合がある．系の状態は，電子スピンの和 $S$，軌道角運動量 $L$ の間に存在する相互作用によって決まる．この相互作用を **$LS$ 結合**という．このとき，つぎのようなフント [Hund] の法則がある．

(ⅰ) 各電子のスピンは加算されて，パウリの排他律に矛盾しない最大可能な $S$ の値をつくる．
(ⅱ) 各電子の軌道角運動量は結合して，(ⅰ) と矛盾しない $L$ の最大値をつくる．
(ⅲ) 不完全殻に $LS$ 結合があると，内部量子数 $J$ はつぎの値をとる．

$$J = L - S \text{（半数以下の電子状態が占められている殻）}$$
$$J = L + S \text{（半数以上の電子状態が占められている殻）}$$

この $LS$ 結合がある場合には，磁気モーメントは内部量子数 $J$ によって

$$\mu_J = g\{J(J+1)\}^{\frac{1}{2}}\mu_B \tag{16.13}$$

で与えられる．なお，このときの $g$ 因子は次式に従うことが知られている．

$$g = \frac{3}{2} + \frac{S(S+1) - L(L+1)}{2J(J+1)} \tag{16.14}$$

**例題 16.1** $Fe^{2+}$, $Fe^{3+}$ の磁気モーメントをフントの法則に従って求めな

さい．

**[解答]** Fe は $1s^2 2s^2 2p^6 3s^2 3p^6 3d^6 4s^2$ の電子構造を有している．これがイオン化した $Fe^{2+}$ および $Fe^{3+}$ はそれぞれつぎの電子構造をとる．

$Fe^{2+}$ ： $1s^2 2s^2 2p^6 3s^2 3p^6 3d^6$

$Fe^{3+}$ ： $1s^2 2s^2 2p^6 3s^2 3p^6 3d^5$

1s から 3p までは閉殻で，3d が不完全殻である．3d 殻の量子状態は

方位量子数：$l = n - 1 = 3 - 1 = 2$

磁気量子数の個数：$2l + 1 = 2 \times 2 + 1 = 5$

となり，5 個の可能な状態がある．すなわち，スピンの配列は図 16.2 のようになり，これを参考につぎのように計算される．

$Fe^{2+}$ の場合： $S = \dfrac{1}{2} \times 4 = 2$

$L = |+2 + 2 + 1 + 0 - 1 - 2| = 2$

$J = L + S = 2 + 2 = 4$  となるから，

$g$ 因子は $g = \dfrac{3}{2} + \dfrac{2 \times 3 - 2 \times 3}{2 \times 4 \times 5} = \dfrac{3}{2}$

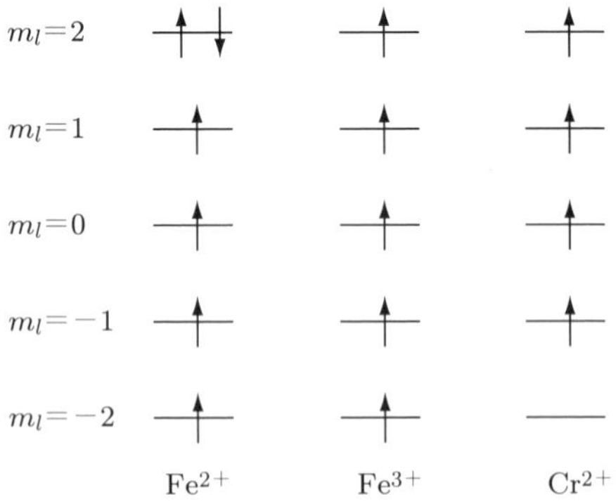

図 16.2 $Fe^{2+}$，$Fe^{3+}$ および $Cr^{2+}$ の不完全殻のスピン配列

したがって  $\mu_J = \dfrac{3}{2}\{4(4+1)\}^{\frac{1}{2}}\mu_B \fallingdotseq 6.70\,\mu_B$

$Fe^{3+}$ の場合： $S = \dfrac{1}{2} \times 5 = \dfrac{5}{2}$

$$L = |+2+1+0-1-2| = 0$$

$$J = L + S = \dfrac{5}{2} \quad \text{となるから,}$$

$g$ 因子は  $g = \dfrac{3}{2} + \dfrac{1}{2} = 2$

したがって  $\mu_J = 2\left\{\dfrac{5}{2\left(\frac{5}{2}+1\right)}\right\}^{\frac{1}{2}}\mu_B \fallingdotseq 5.92\,\mu_B$ ∎

**例題 16.2**  $Cr^{2+}$ イオンの磁気モーメントはフントの法則に従って計算するとゼロになることを示しなさい．

**解答**  Cr は $1s^2 2s^2 2p^6 3s^2 3p^6 3d^5 4s^1$ の電子構造を有している．これがイオン化して $Cr^{2+}$ になるとつぎの電子構造になる．

$Cr^{2+}$ : $1s^2 2s^2 2p^6 3s^2 3p^6 3d^4$

1s から 3p までは閉殻で，$3d^4$ が不完全殻である．すなわち，スピンの配列は例題 16.1 の場合と同様であるが，半分しか占められていないので $J = L - S$ を適用する．したがって，

$$S = \dfrac{1}{2} \times 4 = 2$$

$$L = |+2+1+0-1| = 2$$

$$J = L - S = 2 - 2 = 0 \quad \text{となるから}$$

$$\mu_J = g\{0(0+1)\}^{\frac{1}{2}}\mu_B = 0$$

$\mu_J/\mu_B$ の実測値と計算値を表 16.1 に示した．表には希土類イオンおよび鉄属イオンについて，内部量子数から計算した値，スピン量子数のみを考えて計算した値をそれぞれ示した．

希土類イオンについてはフントの法則に従った配列に基づいて計算した値と

表 16.1 $\mu_J/\mu_B$ の値

| | イオン | | 計算値 | 実測値 |
|---|---|---|---|---|
| 希土類イオン | $Ce^{3+}$ | | 2.54 | 2.4 |
| | $Pr^{3+}$ | | 3.58 | 3.5 |
| | $Nd^{3+}$ | | 3.62 | 3.5 |
| | $Pm^{3+}$ | | 2.68 | ... |
| | $Sm^{3+}$ | | 0.84 | 1.5 |
| | $Eu^{3+}$ | | 0 | 3.4 |
| | $Gd^{3+}$ | | 7.94 | 8.0 |
| | $Tb^{3+}$ | | 9.72 | 9.5 |
| | $Dy^{3+}$ | | 10.63 | 10.6 |
| | $Ho^{3+}$ | | 10.60 | 10.4 |
| | $Er^{3+}$ | | 9.54 | 9.5 |
| | $Tm^{3+}$ | | 7.57 | 7.3 |
| | $Yb^{3+}$ | | 4.54 | 4.5 |
| 鉄族イオン | $Ti^{3+}$, | $V^{4+}$ | 1.55 | 1.8 |
| | $V^{3+}$ | | 1.63 | 2.8 |
| | $Cr^{3+}$, | $V^{2+}$ | 0.77 | 3.8 |
| | $Mn^{3+}$, | $Cr^{2+}$ | 0 | 4.9 |
| | $Fe^{3+}$, | $Mn^{2+}$ | 5.92 | 5.9 |
| | $Fe^{2+}$ | | 6.70 | 5.4 |
| | $Co^{2+}$ | | 6.54 | 4.8 |
| | $Ni^{2+}$ | | 5.59 | 3.2 |

実験値とが大方合っているが,鉄族イオンについては一致しない場合が多い.この事実は,鉄属元素の合成磁気モーメントがほとんどスピン磁気モーメントから成り立っており,$LS$ 結合が破れることを示している. ∎

## 16.4 常 磁 性

磁気モーメントが小さく,相互作用をしないときには,外部から磁界が印加されないと,図 16.3 のようにモーメントの方向は熱運動によりばらばらで,全体として磁化を示さない.このような磁性を常磁性という.

(1)古 典 論

いずれの方向にも自由に回転できる磁気モーメント $\mu$ をもつ $N$ 個の双極子からなる媒質の磁気モーメントは,

$$M = N\mu L(a) \qquad \left(a = \frac{\mu H}{k_B T}\right) \tag{16.15}$$

（a）磁界の印加なし　（b）磁界を印加

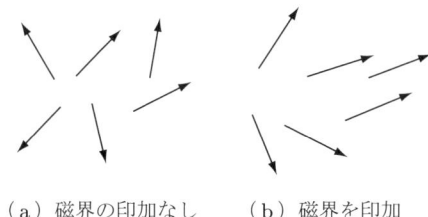

図 16.3　磁界の印加による磁気モーメントの配向

$$L(a) = \coth(a) - \frac{1}{a} \fallingdotseq \frac{a}{3} \quad (a \ll 1 \text{ のとき}) \tag{16.16}$$

と近似され，

$$M \fallingdotseq \frac{N\mu^2 H}{3k_B T} \tag{16.17}$$

となる．磁化率 $\chi$ は

$$\chi = \frac{M}{H} = \frac{N\mu^2}{3k_B T} = \frac{C}{T} \tag{16.18}$$

となり，温度に対して反比例する．この関係をキュリーの法則という．

### （2）量 子 論

　自由空間と違って原子における電子軌道は許された量子状態しかとりえない．角運動量についても許される状態が限られている．磁界が印加されたとき，電子スピンの磁気モーメントを $\mu$ とするとそのエネルギーは $\mu H$ である．磁界の方向を向く電子スピンと反対方向を向くスピンでは，そのエネルギーが異なるため，図 16.4 のように二つの状態に $N_1$ と $N_2$ ずつ分かれる．全体で $N$ 個のスピンがあるとすると，$N_1$ および $N_2$ に分布する割合は

$+\mu H$ ——————— $N_2$

$-\mu H$ ——————— $N_1$

図 16.4　$+\mu$ および $-\mu$ の磁気モーメントの磁界中におけるポテンシャルエネルギー

$$\frac{N_1}{N} = \frac{\exp\left(\frac{\mu H}{k_B T}\right)}{\exp\left(\frac{\mu H}{k_B T}\right) + \exp\left(-\frac{\mu H}{k_B T}\right)}$$

$$\frac{N_2}{N} = \frac{\exp\left(-\frac{\mu H}{k_B T}\right)}{\exp\left(\frac{\mu H}{k_B T}\right) + \exp\left(-\frac{\mu H}{k_B T}\right)}$$

となり，実効的な磁化 $M$ は

$$M = (N_1 - N_2)\mu = N\mu\frac{e^x - e^{-x}}{e^x + e^{-x}} = N\mu\tanh(x) \tag{16.19}$$

ただし，$x = \dfrac{\mu H}{k_B T}$ である．$x$ が 1 に比べて非常に小さいときは

$$M \fallingdotseq \frac{N\mu^2 H}{k_B T}$$

となる．

　つぎに，角運動量子数がゼロでない場合に拡張して考える．いま，角運動量子数が $2J+1$ にわたって状態が等間隔に分布している場合には，ある温度において，その磁化 $M$ は

$$M = NgJ\mu_B B_J(x) \quad \text{ただし} \quad x = \frac{gJ\mu_B H}{k_B T} \tag{16.20}$$

$$B_J(x) = \frac{2J+1}{2J}\coth\frac{(2J+1)x}{2J} - \frac{1}{2J}\coth\frac{x}{2J} \tag{16.21}$$

この $B_J(x)$ をブリュアン［Brillouin］関数という．

　温度が高いか，磁界が弱いときには，$x \ll 1$ と考えられるから，磁化率 $\chi$ は

$$\chi = \frac{M}{H} = \frac{NJ(J+1)g^2\mu_B^2}{3k_B T} = \frac{N_p^2\mu_B^2}{3k_B T} \tag{16.22}$$

$$\text{ただし} \quad p = g\{J(J+1)\}^{\frac{1}{2}}$$

となる．古典論，量子論いずれの場合もキュリーの法則 $\chi \propto \dfrac{1}{T}$ が導かれる．

## 16.5 強磁性

### (1) 強磁性の特徴

磁気双極子の配列がそろって強い磁性を示す物質を強磁性体という．この強磁性体はつぎの特徴を有する．

(ⅰ) $B-H$ 曲線において図 16.5 のようにヒステリシスを示す．

(ⅱ) キュリー温度以上では，磁気双極子（スピン）の並びが破壊され，ばらばらになるため，常磁性となる．その磁化率は $\chi = \dfrac{C}{T-\theta}$ で表されるキュリー–ワイスの法則に従う．

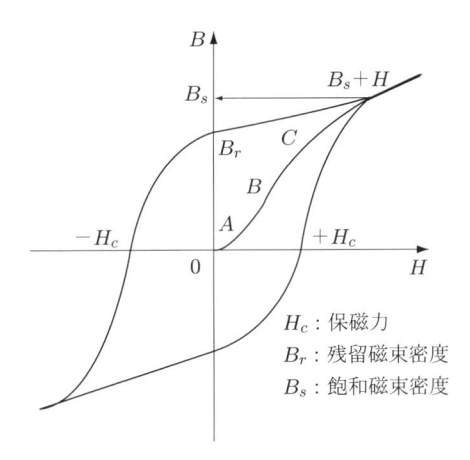

図 16.5 $B-H$ ヒステリシス曲線

$H_c$：保磁力
$B_r$：残留磁束密度
$B_s$：飽和磁束密度

### (2) 自発磁化

外部磁界がない場合でも磁気双極子の配列が形成されて磁化を有する状態を自発磁化という．この自発磁化を説明するために，ワイス［Weiss］の分子磁場（1907）の考えを用いる．ワイスは強磁性を説明するのにつぎの考えを提出した．

(ⅰ) 自発的に磁化している多数の小領域（ドメイン：磁区）がある．

(ⅱ) 個々の磁区内では磁気双極子を平行に並ばせようとする分子磁場がある．

一つの磁気双極子に作用する分子磁場を $H_\mathrm{m}$ とすると，$H_\mathrm{m}$ はすでにある磁

化 $M$ に比例した $\gamma M$（$\gamma$：ワイス定数）と外部磁場の和として，つぎのように与えられると考える．

$$H_\mathrm{m} = H + \gamma M \tag{16.23}$$

16.4 節では，磁化 $M$ は内部量子数 $J$ によって与えられることを述べたが，分子磁場の場合には，その $H$ を $H_\mathrm{m}$ に置き換えれば，

$$M = Ng J \mu_B B_J(x) \tag{16.24}$$

$$x = gJ\mu_B \frac{H + \gamma M}{k_B T} \tag{16.25}$$

となる．自発磁化は外部磁場がない状態で実現されているので，いまの場合 $H = 0$ と考えると，式 (16.25) は

$$M = xk_BT/(\gamma g\mu_B J) \tag{16.26}$$

と変形される．図 16.6 のように，式 (16.24) および式 (16.26) を満足する点が存在することは自発磁化を意味する．温度が上昇すると式 (16.26) の直線は傾斜が急になり，ついに $M = 0$ しか満足しないようになる．すなわち，自発磁化が消滅し，常磁性になったことを意味する．このときの温度がキュリー温度である．

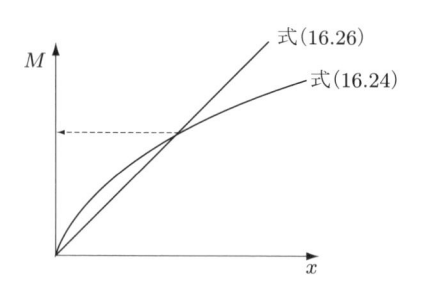

**図 16.6** 自発磁化 $M$ の決定

**例題 16.3** キュリー温度を与える式を導きなさい．

**解答** 式 (16.26) より，

$$\frac{dM}{dx} = \frac{k_B T}{\gamma g \mu_B J} \tag{16.27}$$

また，$x \ll 1$ であるから，式 (16.24) の $B_J(x)$ は近似され，$B_J(x) \risingdotseq (J+1)\frac{x}{3J}$ と表されるので，

$$M = \frac{Ng\mu_B(J+1)x}{3}$$

となり，これを微分して

$$\frac{dM}{dx} = \frac{Ng\mu_B(J+1)}{3} \tag{16.28}$$

となる．キュリー温度を $\theta_f$ とすると，式 (16.27) = 式 (16.28) とおき，次式の関係が得られる．

$$\frac{3k\theta_f}{\gamma} = Ng^2\mu_B{}^2 J(J+1) = N\mu^2 \qquad\blacksquare$$

## （3）磁区の発生

　磁気双極子が一方向に並ぶに従い，その磁気エネルギーは増加する．このエネルギーが高くなると不安定になり，並び方が図 16.7 のように変わる．磁気双極子が一方向に並んでいる領域を**磁区**と称する．この磁区の磁気モーメントのベクトル和は外部からの印加磁界によって変化する．外部磁界により磁気モーメントをある方向に形成しようとしたときに，結晶によっては磁化されやすい方向とされにくい方向がある．この方向に磁化する場合のエネルギーを磁気結晶エネルギーあるいは異方性エネルギーという．これは電子軌道からながめると軌道角運動に異方性があることを意味する．

　このエネルギーのほかに，ハイゼンベルグ［Heisenberg］によって指摘された隣接する原子間の電子スピン間に働く交換エネルギーがある．先の角運動量は $LS$ 結合によりこの交換エネルギーにも影響を与える．この交換エネルギーは電子スピンの配列に依存する形式で表現されるエネルギーであるが，スピンの配列は原子の荷電分布に関係し，本質的には静電相互作用エネルギーである．

　磁区の形成において，以上のエネルギーの和が最小になる状態が安定した状

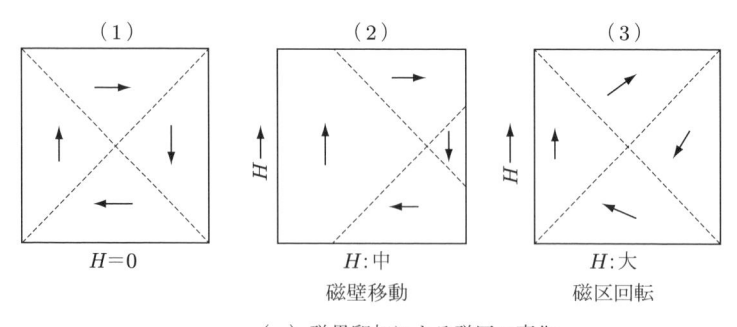

(a) 磁界印加による磁区の変化

(b) 磁区の変化とバルクハウゼン効果

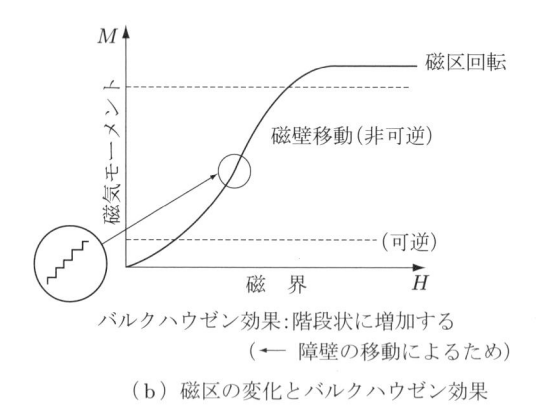

図 16.7 磁区と磁化曲線

態である．もちろん，外部磁界に応じて磁気エネルギーが変化し，それに応じて磁区の形成が行われる．磁区の観察は顕微鏡によって可能である．また磁界とともに磁区の形成が階段状に不連続に変化する．このため，変圧器の二次コイルに不連続な雑音を発生し，バルクハウゼン効果として知られている．

## 16.6 反 磁 性

導体である金属，たとえば銅，銀などに磁界を印加すると印加磁界を打ち消す方向に弱く磁化される．印加磁界を除くと，可逆的に磁化が消失する．この性質を反磁性という．これは，固体中の電子系に磁界がかけられ，レンツの法則によって，この印加磁界を打ち消すように磁気モーメントが誘起されるため

である．

## 16.7 磁性体の種類と特性

図 16.8 のモデルに示したように，磁気双極子の配列に応じて，常磁性体，強磁性体，反強磁性体およびフェリ磁性体と大別される．このほかに，導体，たとえば銅，銀は反磁性体に分類される．

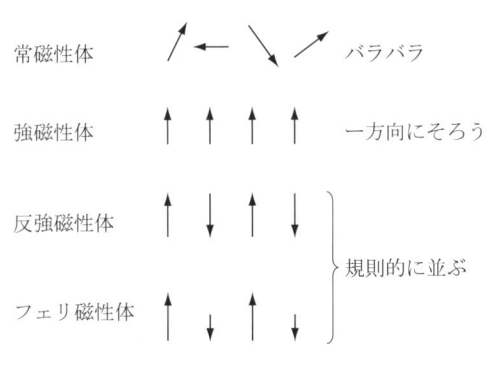

```
常磁性体       ↗ ← ↘ ↗     バラバラ

強磁性体       ↑ ↑ ↑ ↑     一方向にそろう

反強磁性体     ↑ ↓ ↑ ↓  ⎫
                          ⎬ 規則的に並ぶ
フェリ磁性体   ↑ ↓ ↑ ↓  ⎭
```

**図 16.8** スピンの配列と磁性

実用上，磁性体の応用は強磁性体がその対象となり，外部磁界に対して磁束がいかなる特性を示すかが大切である．常磁性体では印加磁界に対して磁束密度は比例的に増加するが，強磁性体では図 16.5 のように非線形に変化する．磁界が弱いとき（$A$ の部分）には透磁率が小さく，$B$ の領域になると磁気モーメントが外部磁界の方向に向きはじめ，透磁率がきわめて大きくなる．さらに $C$ の領域では磁気モーメントが整列させられ，ついに飽和する．この磁束の変化曲線を**磁化曲線**という．

つぎに，磁界を弱めると磁束密度は低下するが，最初の上昇時とは異なる図のような軌跡をたどる．$H = 0$ での $B$ の値は**残留磁束密度** $B_r$ とよばれ，また $B = 0$ となる必要な磁界を**保磁力** $H_c$ という．ヒステリシス曲線 $B$-$H$ によって囲まれた面積は磁化のエネルギーを示しており，このエネルギーは熱として消費される．

磁性体の応用において，変圧器鉄心のように交流電圧で使用され，かつ損失が少ない方が望ましい場合には，$B$-$H$ 特性がヒステリシスを描かず，透磁率

が大きい物質がよい．純鉄や鉄コバルト合金などの高透磁率材料が適している．これらの物質を構成している元素は1原子あたりの磁気モーメントが大きく，磁化の回転，磁壁の移動が容易なことが挙げられる．もう一方の応用としては，直流磁界，永久磁石のように安定な強い磁界を必要とする場合である．この場合には，形成された磁化が容易に消失しないことが重要となる．ヒステリシス曲線の第2象限の面積は磁化の消失に要するエネルギーに対応しているから，このエネルギーが大きい物質がよいといえる．これに適したものに，NiZnの合金や，$Ba_{0.6}Fe_2O_3$ 酸化物でつくられたフェライトなどがある．

### 演習問題
**16.1** 電荷 $e$ が半径 $\gamma$ の球面上に一様に分布しているとき，球の角速度を $\omega$ として，磁気モーメント $\mu$ および角運動量 $p$ を求めなさい．

**16.2** $Cr^{3+}$ イオンの磁気モーメント $\mu_J$ を計算しなさい．

**16.3** 固体中の自由電子のスピンに基づく磁性をパウリの常磁性という．発生の原理について説明しなさい．

**16.4** ボーア磁子の大きさを計算しなさい．

# 17章

# 超 伝 導

　超伝導は電気抵抗を生じないことから効率の高い電力輸送，超強力電磁石，また超伝導状態で特有なジョセフソン効果，トンネル効果などを利用したデバイスなどが可能となり，電力，輸送，医療，天体観測等への応用において重要な現象である．

　本章では，低温時に電気抵抗がなくなる超伝導の現象について述べる．

## 17.1　超伝導現象

　金属は電気をよく流すことで知られ，特に金，銀，銅などはその抵抗値が低く，導体として電線配線，接点，基板などに実用されている．銀が金属中でもっとも抵抗値が低いことで有名であるが，ゼロにはなりえない．ところが，室温では抵抗値が銀より高い水銀が $4.2\,[\mathrm{K}]$ 近く冷却されると，図17.1のように急激に抵抗値が減少しゼロになることがカマーリング・オンネス［Kamerlingh‒Onnes］によって発見された（1911）．この抵抗値がゼロの電気伝導現象を超伝導という．この超伝導を示す物質はその後多く発見され，超伝導を示す温度（臨界温度）が高い物質もつくられ，金属では $20\,[\mathrm{K}]$ 以上のものもある．また，金属以

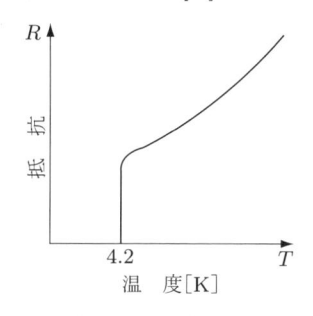

図 **17.1**　低温における水銀の抵抗の変化

外に有機超伝導体も発見され，特にセラミックでは室温付近で超伝導を示す物質が発見されており，大きな関心を集めている．

このような超伝導の大きな特徴は，
（ⅰ）抵抗値 = 0 で，電流が流れ続ける（永久電流）
（ⅱ）完全反磁性
（ⅲ）超伝導を示す温度（臨界温度）が外部磁界に依存する

などがある．特徴（ⅰ）の永久電流とは，超伝導状態では抵抗がないので，一度電流が流れると減衰時間がきわめて長く何年も流れ続ける現象である．特徴（ⅱ）の完全反磁性とは，超伝導体内では磁界の発生が許されず，外部から磁界が侵入できない現象である．これは**マイスナー［Meissner］効果**とよばれている．通常の導体の場合には図 17.2 (a) のように磁界ができるが，超伝導状態では図 17.2 (b) のように磁力線は外側にできる．超伝導状態の物質に外部から磁界を印加すると超伝導状態が破壊され，常伝導状態に移る．この転移は，磁界の大きさと温度に依存し，図 17.3 のようになる．

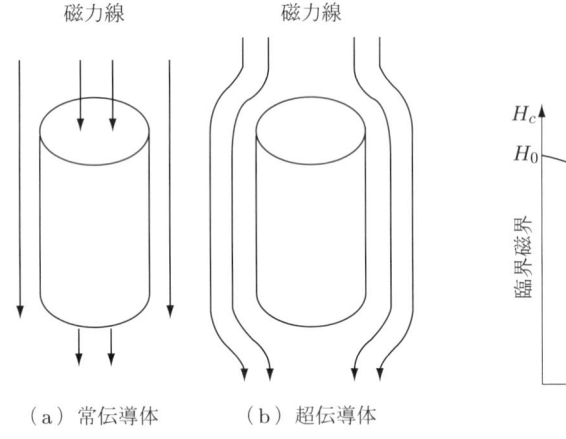

図 17.2　常伝導体と超伝導体の磁力線の様相の違い　　図 17.3　超伝導状態と常伝導状態

## 17.2　超伝導現象の発見の歴史的変遷

超伝導は低温で起こる現象であり，この現象の発見された経緯には低温技術の発展がある．この発見は表 17.1 に示すようにオンネスによって始められた

表 17.1 超伝導発見の歴史

| | | |
|---|---|---|
| 1908 | He の液化に成功 [Kamerlingh-Onnes] | |
| 1911 | 水銀 (Hg) の低抗が 4.2 [K] で低下―超伝導の発見 [Kamerlingh-Onnes] | |
| 1933 | マイスナー効果の発見・完全反磁性 [Meissner, Ochsenfeld] | |
| 1935 | ロンドンの現象論発表 [London, London] | |
| 1950 | 同位元素効果の発見 [Maxwell, Reynolds-Serin] | |
| 1956 | クーパー対理論の発表 [Cooper] | |
| 1957 | BCS 理論の発表 [Bardeen, Cooper, Schrieffer] | |
| 1962 | ジョセフソン効果の発見 [Josephson] | |
| 1986 | 酸化物高温超伝導体の発見 [Bednorz, Muller] | |

　低温における金属の電気伝導の測定に端を発している．興味あることに，理論家で物理学の権威であったケルビン [Kelvin] 卿は，低温では自由電子が凍結し，金属の導電率が低下すると予想したのに対して，若いオンネスはむしろ増加，すなわち電気抵抗が低下すると思い，ケルビン卿の考えに疑問を抱き，確認することを試みた．そして，1911 年，Hg で 4.2 [K] において，電気抵抗がなくなる現象を発見した．その後，マイスナー効果，同位元素効果が発見され，理論的にはフレーリッヒ [Fröhlich] のシェル構造モデル，クーパー [Cooper] 対理論，BCS 理論の構築へと発展した．

## 17.3　ロンドンの現象論と磁界の侵入

　通常の導体中には磁界が存在しうるが，超伝導体中には磁界が存在しない．磁界を強め，無理に侵入させようとすると超伝導状態が破壊される．ロンドン [London] 兄弟は超伝導体中に磁界が存在しないことを電磁気学的に導いた．古典電子論によれば，電界を $E$，電子のドリフト速度を $v$ とすると，

$$\frac{dv}{dt} = -\frac{eE}{m} - \frac{v}{\tau} \tag{17.1}$$

と書ける．$\tau$ は散乱による緩和時間であり，常伝導の場合は電界を取り去れば，この緩和により速度は直ちにゼロになってしまう．しかし，超伝導の場合は，永久電流として流れ続けるので $\tau$ は無限大と考えるべきであり，上式は

$$\frac{dv}{dt} = -\frac{eE}{m} \tag{17.2}$$

となる．ここでロンドン兄弟はマクスウェルの方程式と組み合わせ，磁界が超

伝導体には侵入しないことを示すつぎの式を導いた．

$$H = H_0 \exp\left(-\frac{x}{\lambda_L}\right) \tag{17.3}$$

超伝導体の表面から磁界は急激に減衰する．この $\lambda_L$ は磁場侵入距離とよばれ，実際の大きさは $100\,[\mathrm{nm}]$ 程度であり，図 17.4 に示したように磁界はほとんど表面にしか存在しない．以上のように，ロンドンはマイスナー効果が電磁気学的に解釈できることに成功した．

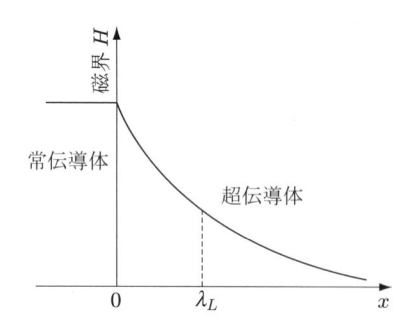

図 17.4 超伝導体内への磁界の侵入

**例題 17.1** $H = H_0 \exp\left(-\dfrac{x}{\lambda_L}\right)$ を導きなさい．

**解答** 電子の密度を $n$ とすると電流密度は $J = -env$ であるから，

$$\frac{dJ}{dt} = \frac{ne^2}{m} E \tag{17.4}$$

また，マクスウェルの方程式 $\mathrm{rot}(E) = -\dfrac{dB}{dt}$ を上式と組み合わせると

$$\mathrm{rot}(E) + \frac{dB}{dt} = \mathrm{rot}\left(\frac{m}{ne^2}\frac{dJ}{dt}\right) + \frac{d(\mu_0 H)}{dt} = 0 \tag{17.5}$$

すなわち

$$\mathrm{rot}(J) + \frac{ne^2 \mu_0}{m} H = 定数 \tag{17.6}$$

が得られる．ここで定数 = 0 が超伝導の場合に起こっていると考える．すなわち，

$$\mathrm{rot}(J) + \frac{ne^2\mu_0}{m}H = 0 \tag{17.7}$$

これはロンドンの式とよばれている．

これに変位電流を無視したマクスウェルの方程式 $\mathrm{rot}(H) = J$ を代入し，

$$\mathrm{rot}(\mathrm{rot}(H)) + \frac{ne^2\mu_0}{m}H = 0 \tag{17.8}$$

となり，結局

$$\nabla^2 H - \frac{ne^2\mu_0}{m}H = 0 \tag{17.9}$$

となる．$\lambda_L{}^2 = \dfrac{m}{e^2\mu_0}$ とおくと，解として，

$$H = H_0 \exp\left(-\frac{x}{\lambda_L}\right) \tag{17.10}$$

を得る．■

## 17.4　超伝導の物理

　超伝導の理解において基本となるのは，電子対の生成とボーズ–アインシュタイン分布の関係である．電流が流れていることは，電子が一定方向に移動していることを意味する．常伝導状態では個々の電子は原子の振動と衝突しながらその運動方向を変え，移動している．ところが，超伝導状態では，二つの電子が対を形成し，一方の電子が格子に運動量を失いかけると，他方の電子がその分を受け取り，結果として電子系の運動量が保たれる．この電子対をクーパー対という．

　電子どうしは同極性であるから，クーロン反発力が作用しているが，それ以上に働く引力が格子振動を介して行われる．この概念がフレーリッヒによって提示された．個々の電子が独立に振舞うときはフェルミ粒子であり，フェルミ

統計に従うが，上記のような電子対はもはやボーズ統計に従うボーズ粒子として振舞う．このことはきわめて重要なことである．フェルミ粒子は同一の状態には1個しか許されないが，ボーズ粒子ではいくつでも許される．系を低温にすることにより，すべての粒子が基底状態に落ち込み，量子力学でいう状態関数として単一の関数で表現される状態をとる．

ここで，すべての粒子が基底状態に落ち込むことになるのは，基底状態と第一励起状態の間にエネルギーギャップが存在するためである．すなわち，低温ではこのギャップを越えるエネルギーを有する粒子が少ないためである．このエネルギーギャップの存在は比熱の測定から確かめることができる．常伝導のようにフェルミ統計に従う電子の場合と超伝導のように電子対を形成し，ボーズ統計に従う場合との比熱を図 17.5 に示した．超伝導の場合には比熱 $C_\mathrm{v}$ は

$$C_\mathrm{v} \propto \exp\left(-\frac{\theta}{T}\right) \tag{17.11}$$

のように温度の逆数の指数関数で表される．これは熱を運ぶ電子がエネルギーギャップを越えて励起されていることを示している．

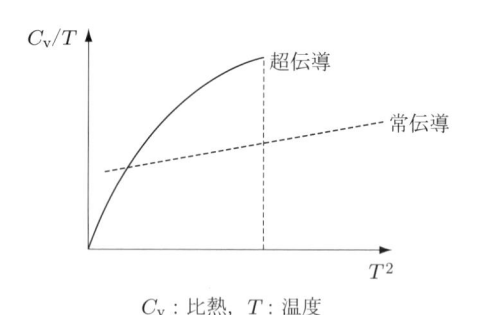

$C_\mathrm{v}$：比熱，$T$：温度

図 **17.5** 超伝導体と常伝導体の比熱の温度特性

以上のように，超伝導状態では，電子対となった多数の粒子が秩序正しく同一の状態，量子力学的にいえば，同一の位相をもった波動関数で表され，系全体として一つの波で表現される状態となっている．この状態を表すのに秩序パラメータ $\Psi$ が用いられる．$\Psi$ は波動関数の性質を表すものであるが，これが大きく変化しない範囲をコヒーレンスの長さ $\xi$ という．この $\xi$ は 100 [μm] のオーダーであり，金属中の自由電子密度から概算される電子間の平均間隔 10 [nm]

の $10^4$ 倍もの大きさである．

## 17.5 ジョセフソン効果

　超伝導体に電流計を接続しても電流が観測されないが，図 17.6 のように二つの超伝導体を薄い絶縁層で分離すると直流電流が観測される．これは常伝導体では考えられない超伝導体の特徴的現象であり，ジョセフソン［Josephson］によって 1962 年に発見され，ジョセフソン効果と称されている．また，接合間に直流電圧を印加すると交流電圧が流れる現象も発見された．これを交流ジョセフソン効果といい，前者を直流ジョセフソン効果とよんで区別する．超伝導電流の振動数 $\nu$ と電圧 $V$ との間には

$$\nu = \frac{2eV}{h} \tag{17.12}$$

の関係があり，1 [μV] あたり 483.6 [MHz] である．接合部に直流電圧に加えて周波数 $\nu$ のマイクロ波を照射すると，つぎの関係を満足するとき直流電流成分が観測される．

$$2eV = qh\nu \quad (q：整数) \tag{17.13}$$

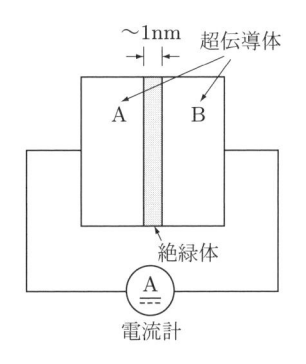

**図 17.6** ジョセフソン効果

**例題 17.2** ジョセフソン効果を量子力学から説明しなさい．

**解答** 図 17.6 のように二つの超伝導体 A，B が 1 [nm] 程度の狭い間隔でお

かれているとする．秩序パラメータ $\Psi$ は，横軸を $x$ とし，1次元で考えると

$$x \to -\infty, \quad \Psi \to \Psi_{A_0} \exp(j\theta_A)$$
$$x \to +\infty, \quad \Psi \to \Psi_{B_0} \exp(j\theta_B)$$

である．接合部においては $u(x)$ を用いて

$$\Psi(x) = \Psi_{A_0} u(x) \exp(j\theta_A) + \Psi_{B_0}(1 - u(x)) \exp(-j\theta_B)$$

と表現できる．ただし $u(x)$ は

$$x \to -\infty, \quad u(x) \to 1$$
$$x \to +\infty, \quad u(x) \to 0$$

これを粒子流の式（付録 K 参照）

$$J_s = -\frac{je^*\hbar}{2m^*}(\Psi^* \nabla \Psi - \Psi \nabla \Psi^*)$$

に代入して

$$J_s = \frac{e^*\hbar}{2m^*}\Psi_{A_0}\Psi_{B_0}(\nabla u)\sin(\theta_A - \theta_B)$$
$$= J_1 \sin(\theta_A - \theta_B) \qquad (17.14)$$

$e^*(=2e)$：有効電荷（クーパー対），$m^*$：有効質量

すなわち，電流 $J_s$ が流れる．■

## 演習問題

**17.1** 水銀 $T_{c_0} = 4.2\,[\text{K}]$，$H_{c_0} = 380 \times 10^{-4}\,[\text{T}]$ であった．ある温度 $T$ で臨界磁界を測定したところ $350 \times 10^{-4}\,[\text{T}]$ であった．この温度を計算しなさい．

**17.2** 磁界侵入距離 $\lambda_L$ が $5 \times 10^{-6}\,[\text{cm}]$ であった．超伝導のキャリア密度 $n_s$ はどのくらいか．

**17.3** 接合間に直流電圧 $V$ を印加すると，位相差の時間変化が $\dfrac{\Delta\theta}{\Delta t} = \dfrac{2eV}{\hbar}$（ゴルフ-ジョセフソンの式）で与えられる．接合間を流れる電流はどのようになるか．

# 付　録

## 付録 A　ボーアの水素原子理論

ボーアが 1913 年に述べた水素原子理論を取り上げる．ただし，古い理論のため正確な原子の描像ではない．しかし，
（i）電子のエネルギーが量子化されること
（ii）量子化準位の間のエネルギーの差が水素原子の発光であること
を見出した点は評価できる．また，最終的にボーア半径というものが出され，仮定があるにもかかわらず，原子の大きさをほぼ正確に導いている．

図 A.1 のような電子の軌道を考える，ド・ブロイの電子波の概念を導入する．この波長 $\lambda$ を利用して原子の大きさを計算する．電子の軌道として円軌道を考え，その半径を $r$ とし，その円周 $2\pi r$ に電子波が 1 波，2 波，3 波…であると考えると，

$$2\pi r = n\lambda \quad (n=1,2,3\cdots) \tag{A.1}$$

となる．一方，これを運動量 $p$ に換算すると，

$$p = mv = \frac{h}{\lambda} = \frac{h}{\frac{2\pi r}{n}} = \frac{nh}{2\pi r} \tag{A.2}$$

となる．まとめて，

$$2\pi rmv = nh \tag{A.3}$$

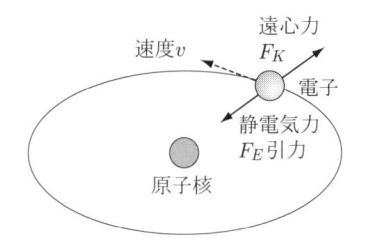

図 A.1　静電気力と遠心力のつりあい

となる．静電気力 $F_E$ は，

$$F_E = \frac{e^2}{4\pi\varepsilon_0 r^2} \tag{A.4}$$

で，電子を原子核に引っ張ることになる．ここで $\varepsilon_0$ は真空の誘電率である．一方，等速円運動の場合の遠心力 $F_K$ は

$$F_K = \frac{mv^2}{r} \tag{A.5}$$

となる．この電子の軌道が変化しないとすると，

$$F_E = F_K \tag{A.6}$$

につりあう．式 (A.3)〜(A.6) から $r$ を求めると，

$$r = \frac{\varepsilon_0 h^2}{\pi m e^2} n^2 \tag{A.7}$$

となる．ここで $n=1$ とおくと，

$$r = 0.053 \, [\text{nm}] \tag{A.8}$$

となる．水素原子の場合は，$n=1$ の軌道に電子が存在するものと考えられるため，この半径 $r$ を水素原子の半径とみなし，ボーア半径とよばれる．これは実際の水素原子のものとかなりよく一致する．

また，静電気のエネルギー $E_E$ と運動エネルギー $E_K$，すなわち，

$$E_K = \frac{m\nu^2}{2} = \frac{e^2}{8\pi\varepsilon_0 r} \tag{A.9}$$

を合計して，

$$E = E_E + E_K = -\frac{e^2}{8\pi\varepsilon_0 r} = -\frac{me^4}{8\varepsilon_0^2 h^2} \frac{1}{n^2} \tag{A.10}$$

となるが，こちらも非常によい値で，水素の基底状態が $-13.6\,[\text{eV}]$ となる．また，式 (A.10) からリュードベリ定数を推定すると，$1.0974 \times 10^7\,[\text{m}^{-1}]$ となり，実験値の $E_H = 1.097 \times 10^7\,[\text{m}^{-1}]$ と一致する．このボーア半径や，リュードベリ定数が正確に予測された理由は，

(ⅰ) 電子のエネルギーが実際に量子化されているという重大なポイントを発見したこと

(ⅱ) 電子の物質波を考え，電子の波が残るように一回りが整数波長としたこと

(iii) 一番単純な水素原子を選んだことで，後述の 1s 軌道，2s 軌道，3s 軌道と
いった球面対称な電子の分布をしていることが，円軌道に近かったこと

などが考えられる．

## 付録 B　交流回路の複素数表示

電気回路の場合の通例に従い，この付録においてのみ虚数単位を $j$ とする．

交流回路では，抵抗では電圧と電流の位相が一致するが，インダクタンスやキャパシタンスでは，位相がそれぞれ逆に 90° ずれる．これを解析するために，複素数の電圧，電流，そしてインピーダンスの概念を導入すると有効である．図 B.1 に示すような $RL$ 直列回路を例に述べる．この回路では，電流の実効値を $|I|$，角周波数を $\omega$，初期位相を $\theta$ とすると，瞬時電流は，

$$i(t) = \sqrt{2}\,|I|\sin(\omega t + \theta) \tag{B.1}$$

となる．このとき，瞬時電圧は，抵抗値 $R$，インダクタンス $L$ を用いて

$$e(t) = \sqrt{2}\,|I|R\sin(\omega t + \theta) + \sqrt{2}\,|I|\omega L\cos(\omega t + \theta) \tag{B.2}$$

となるが，三角関数の性質を利用して，

$$e(t) = \sqrt{2}\,|I|\sqrt{R^2 + (\omega L)^2}\sin\left(\omega t + \theta + \tan^{-1}\frac{\omega L}{R}\right) \tag{B.3}$$

と求められる．しかし，電気回路の解析においては，実効値の関係が，

$$|E| = \sqrt{R^2 + (\omega L)^2}\,|I| \tag{B.4}$$

であり，位相差が

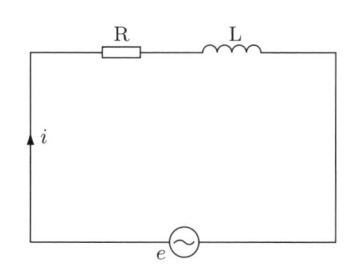

図 **B.1**　$RL$ 直列回路

$$\phi = \tan^{-1} \frac{\omega L}{R} \tag{B.5}$$

となることがより重要である．したがって，回路の解析では正弦関数である瞬時値はあまり用いられない．複素電圧，複素電流，インピーダンスといった概念は，電圧と電流の実効値と位相差を簡単に解析するために作られたツールである．すなわち，複素電圧 $\dot{E}$，複素電流 $\dot{I}$ を，

$$\dot{E} = |E|\, e^{j(\omega t + \theta + \phi)} \tag{B.6}$$

$$\dot{I} = |I|\, e^{j(\omega t + \theta)} \tag{B.7}$$

とすると，電圧の実効値は，

$$\bar{\dot{E}}\dot{E} = |E|^2 \tag{B.8}$$

と表される．この回路の例では，インピーダンス $\dot{Z}$ を，

$$\dot{Z} = R + j\omega L \tag{B.9}$$

とすると，$\dot{E}$ と $\dot{I}$ の関係は，

$$\dot{E} = \dot{Z}\dot{I} \tag{B.10}$$

と簡単に表すことができる．

この複素電圧の特徴をまとめると，
（i）自分自身は合理的でない複素数の電圧である
（ii）絶対値は物理的に意味のある値になる
（iii）複数の値を合成する際に，そのまま加算すると正しく計算できる
（iv）微分積分（$L$ や $C$ の場合）で，位相の変化などを正しく説明する
となる．

## 付録C　三次元での波動方程式

波動関数 $\phi(x)$ が実際には空間の関数であり，$\phi(x,y,z)$ と表されるとき，電子の運動エネルギーは $x$ 方向，$y$ 方向，$z$ 方向の運動エネルギーの和である．このとき，式 (5.5) は，

$$-\frac{1}{2m}\hbar^2 \left\{ \frac{\partial^2}{\partial x^2}\phi + \frac{\partial^2}{\partial y^2}\phi + \frac{\partial^2}{\partial z^2}\phi \right\} + V\phi = \mathrm{E}\phi$$

と書き換えられる．偏微分であることと同時に全方向の和になっていることに注意が必要である．

## 付録 D　元素の価電子

表 D.1 に一部の元素の実質的な価電子を示す．事実上，価電子のない希ガス，s 原子が一つのアルカリ金属，s と p がほとんど埋まっており，p 電子が 1，2 個空いているハロゲンや酸素などが典型的である．

表 D.1　各元素の価電子

| 番号 | 元素 | 価電子 | 番号 | 元素 | 価電子 |
|---|---|---|---|---|---|
| 1 | H | 1s（1 個） | 13 | Al | 3s と 3p（3 個） |
| 2 | He | なし | 14 | Si | 3s と 3p（4 個） |
| 3 | Li | 2s（1 個） | 15 | P | 3s と 3p（5 個） |
| 4 | Be | 2s（2 個） | 16 | S | 3s と 3p（6 個） |
| 5 | B | 2s と 2p（3 個） | 17 | Cl | 3s と 3p（7 個） |
| 6 | C | 2s と 2p（4 個） | 18 | Ar | なし |
| 7 | N | 2s と 2p（5 個） | 19 | K | 4s（1 個） |
| 8 | O | 2s と 2p（6 個） | 20 | Ca | 4s（2 個） |
| 9 | F | 2s と 2p（7 個） | 21 | Sc | 3d |
| 10 | Ne | なし | 22 | Ti | 3d |
| 11 | Na | 3s（1 個） | 23 | V | 3d |
| 12 | Mg | 3s（2 個） | 24 | Cr | 3d |

## 付録 E　ブロッホの定理

式 (7.1) は 2 階の微分方程式であるから，解を求めると二つの独立な解 $f(x)$, $g(x)$ がある．また周期が $a$ であるから，$f(x+a)$, $g(x+a)$ も解であるが，これは $f(x)$, $g(x)$ の一次結合で表されなければならない．すなわち，

$$\left.\begin{array}{l} f(x+a) = \alpha_1 f(x) + \alpha_2 g(x) \\ g(x+a) = \beta_1 f(x) + \beta_2 g(x) \end{array}\right\} \tag{E.1}$$

ここに，$\alpha_1$, $\alpha_2$, $\beta_1$, $\beta_2$ は $E$ に依存した実数である．これらの式から

$$\begin{vmatrix} f(x+a) & g(x+a) \\ f'(x+a) & g'(x+a) \end{vmatrix} = \begin{vmatrix} f(x) & g(x) \\ f'(x) & g'(x) \end{vmatrix} \begin{vmatrix} \alpha_1 & \beta_1 \\ \alpha_2 & \beta_2 \end{vmatrix} \quad \text{(E.2)}$$

となる．一方，$f(x)$, $g(x)$ が式 (7.1) の解であるからつぎの関係式を導くことができる．

$$\frac{d}{dx}\left\{g(x)\frac{d}{dx}f(x)f(x) - f(x)\frac{d}{dx}g(x)\right\} = 0 \quad \text{(E.3)}$$

この式は，式 (E.4) の右辺の最初の行列式が定数であることを示している．すなわち，式 (E.2) の右辺は定数であることが導かれる．このことをさらに発展させて，左辺の $(x+a)$ を $x$ とおきかえてみれば，

$$\begin{vmatrix} \alpha_1 & \beta_1 \\ \alpha_2 & \beta_2 \end{vmatrix} = 1 \quad \text{(E.4)}$$

の関係を得る．

さて，$f(x)$, $g(x)$ の一次結合から別の一つの解

$$\phi(x) = Af(x) + Bg(x) \quad \text{(E.5)}$$

をつくり，この解が $\lambda$ を定数として

$$\phi(x+a) = \lambda \phi(x) \quad \text{(E.6)}$$

という性質をもつように，$A$, $B$ を決めることができる．これはつぎのような計算により示すことができる．式 (E.1) より

$$\phi(x+a) = (A\alpha_1 + B\beta_1)f(x) + (A\alpha_2 + B\beta_2)g(x)$$
$$= \lambda A f(x) + \lambda B g(x)$$

であるから，

$$\left.\begin{array}{l} A\alpha_1 + B\beta_1 = \lambda A \\ A\alpha_2 + B\beta_2 = \lambda B \end{array}\right\} \quad \text{(E.7)}$$

でなければならない．式 (E.7) より $A$, $B$ を消去し，式 (E.4) の関係を用いると次式が得られ，

$$\lambda^2 - (\alpha_1 + \beta_2)\lambda + 1 = 0$$

この式の二つの解を $\lambda_1$ と $\lambda_2$ とすると，

$$\lambda_1 = \frac{(\alpha_1 + \beta_2) + \sqrt{(\alpha_1 + \beta_2)^2 - 4}}{2}$$

$$\lambda_2 = \frac{(\alpha_1 + \beta_2) - \sqrt{(\alpha_1 + \beta_2)^2 - 4}}{2}$$

$$\therefore \quad \lambda_1 \lambda_2 = 1 \tag{E.8}$$

$\lambda_1$, $\lambda_2$ は $E$ の値に依存した定数である.一般には $k$ を定数として

$$\lambda_1 = \exp(ika), \quad \lambda_2 = \exp(-ika) \tag{E.9}$$

となる.したがって,

$$\phi(x+a) = \exp(ika)\phi(x) \tag{E.10(a)}$$

あるいは

$$\phi(x+a) = \exp(-ika)\phi(x) \tag{E.10(b)}$$

となる.

　以上の結果を参考にして波動方程式の解を求めるために,つぎの形の関数を考えてみる.

$$\phi(x+a) = \exp(ika)u(x) \tag{E.11}$$

とおき,$x$ の代わりに $(x+a)$ を代入してみると,

$$\phi(x+a) = \exp(ikx + ika)u(x+a) \tag{E.12}$$

となる.これに式 (E.10(a)) を用いると,

$$\phi(x+a) = \exp(ika)\phi(x) = \exp(ika)\exp(ikx)u(x)$$

であるから,

$$u(x+a) = u(x) \tag{E.13}$$

が成立すれば,式 (E.12) は式 (7.1) の波動方程式の解となりうる.すなわち,解は

$$\phi(x) = \exp(ikx)u(x) \tag{E.14(a)}$$

$$u(x+a) = u(x) \tag{E.14(b)}$$

となる.このことは固体中の電子は自由空間における平面波 $\exp(ika)$ に結晶の周期関数 $u(x)$ を乗じたもので,図 7.2 のように表されることを意味している.これをブロッホの定理という.

## 付録F　クローニッヒペニーのモデル

図 F.1 のように原子の境界に幅 $b(\to 0)$、高さ $V_0(\to \infty)$ の障壁を考える。ただし、

$$\frac{mV_0ba}{\hbar^2} \to P \tag{F.1}$$

と積が有限の値に収束するとしよう。$-b < x < 0$ では、波動方程式は、

$$\frac{\hbar^2}{2m}\frac{d^2}{dx^2}\phi(x) = (V_0 - E)\phi(x) \tag{F.2}$$

となる。この解は、一般的に、

$$\phi(x) = C\cosh\beta x + D\sinh\beta x \tag{F.3}$$

$$\beta = \frac{\sqrt{2m(V_0 - E)}}{\hbar} \tag{F.4}$$

となる。(例題 5.2 参照。) $x=0$ と $x=-b$ で $\phi(x)$ が連続であることから、

$$A = C \tag{F.5}$$

$$\alpha B = \beta D \tag{F.6}$$

である。このとき、本文中の式 (7.13) はそのままでよいが、式 (7.14) は、

$$\left.\frac{d\phi(x)}{dx}\right|_{x=a} = \lim_{b \to +0} \left.\frac{d\phi(x)}{dx}\right|_{x=-b} \times e^{ika} \tag{F.7}$$

と書き換えられる。式 (F.7) に式 (F.5), (F.6) を代入すると、

$$-\alpha A\sin\alpha a + \alpha B\cos\alpha a = \lim_{b \to +0}\left(-\beta^2 bA\frac{\sinh\beta b}{\beta b} + \beta\frac{\alpha B}{\beta}\cosh\beta b\right)e^{ika}$$

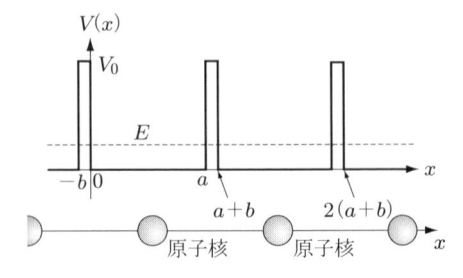

図 **F.1**　クローニッヒ-ペニーの模型のポテンシャル

$$= \left(-\frac{2P}{a}A + \alpha B\right)e^{ika} \tag{F.8}$$

となって，本文中の式 (7.15) が得られる．

## 付録 G　自由電子の群速度

群速度は波の強め合う部分がどのように動くかを示す．電子の波の場合は，強め合って電子の存在する部分がどのように動くか（電子がどう動くかと等価）を示す．電子の波が，ある $k$ の関数 $A(k)$ を用いて，

$$\Psi(x,t) = \int_k A(k)e^{i(kx-\omega t)}dk \tag{G.1}$$

と多数の $k$ の集まりであった場合を考える．ある $k$ の付近で波が干渉で強め合うためには，波数 $k$ の成分，

$$A(k)e^{i(kx-\omega t)} \tag{G.2}$$

と $\Delta k$ を微少量として $\Delta k$ だけずれた波数の成分，

$$A(k+\Delta k)e^{i\{(k+\Delta k)x-(\omega+\Delta\omega)t\}} \tag{G.3}$$

が干渉して強め合うため，両者の偏角が一致している必要がある．ここで，$k$ を $k+\Delta k$ とした場合の角周波数が $\omega + \Delta\omega$ になるとしている．$A(k)$ と $A(k+\Delta k)$ の偏角の差を $\delta$ とすると，

$$kx - \omega t + \delta = (k+\Delta k)x - (\omega+\Delta\omega)t \tag{G.4}$$

となる．これが微小時間 $\Delta t$ 経過後，$x + \Delta x$ で強め合うとすると，

$$k(x+\Delta x)-\omega(t+\Delta t)+\delta = (k+\Delta k)(x+\Delta x)-(\omega+\Delta\omega)(t+\Delta t) \tag{G.5}$$

と書き換えられる．ここで，式 (G.4)，(G.5) から，

$$\Delta k \Delta x = \Delta\omega \Delta t \tag{G.6}$$

となる．よって，式 (G.6) の変数すべてが微少量であることを考慮して，群速度は

$$v_g = \frac{\Delta x}{\Delta t} = \frac{\Delta\omega}{\Delta k} = \frac{d\omega}{dk} \tag{G.7}$$

と表される．

## 付録H 空間電荷制限電流

つぎに電界分布が電気伝導特性を支配している空間電荷制限電流について述べる．

本文図 15.18 のように陰極から電子が豊富に注入され陽極に向かって移動し，電流が流れているとする．このようにキャリア分布が不均一の場合には電流は拡散項も考慮した

$$J = en\mu E - eD\frac{\partial n}{\partial x} \tag{H.1}$$

で表される．実際にはこの拡散項の電流はドリフト項の電流に比べてかなり小さい場合が多い．いまここでは右辺の拡散項の影響が小さいとして省略する．電界分布 $E$ はポアソンの式に従って，

$$\frac{dE}{dx} = -\frac{en}{\varepsilon} \tag{H.2}$$

と表される．$x=0$ で $E=E_a$，$x=d$ で $E=0$ とすると，式 (H.1)，(H.2) から

$$E(x) = \frac{2J}{\varepsilon\mu}(d-x)^{\frac{1}{2}} \tag{H.3}$$

が導かれ，結局

$$V = -\int_0^d E dx = \frac{2J}{\varepsilon\mu}\left(\frac{4}{9}d^3\right)^{\frac{1}{2}} \tag{H.4}$$

から

$$J = \frac{9}{8}\varepsilon\mu\frac{V^2}{d^3} \tag{H.5}$$

が得られる．これを空間電荷制限電流という．

## 付録I 絶縁破壊理論の分類

表 I.1 に示されている電子なだれ破壊とは，電流の項目のところで述べたように，衝突電離が次々に繰り返えされ増殖した電子が破壊を生じる過程をいう．ツェナー破壊理論はトンネル電流（ツェナー効果）が破壊を導く理論である．特に数十 [nm] 以下の薄い誘電体膜では内部でのキャリア増殖として衝突電離過程（電子なだれ過程）では不十分となり，このツェナー破壊が生じる場合が多い．電界の印加は，また，マクスウェル応力を生じ，固体を変形させ，機械的に破壊を発生する場合もある．この

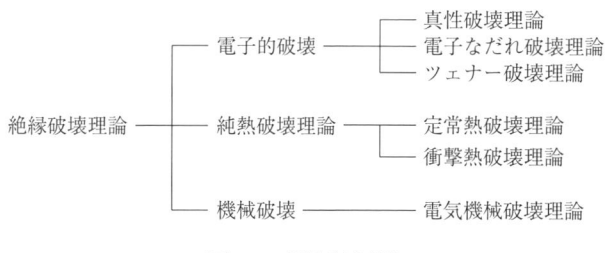

```
絶縁破壊理論 ─┬─ 電子的破壊 ──┬─ 真性破壊理論
              │                ├─ 電子なだれ破壊理論
              │                └─ ツェナー破壊理論
              ├─ 純熱破壊理論 ─┬─ 定常熱破壊理論
              │                └─ 衝撃熱破壊理論
              └─ 機械破壊 ──── 電気機械破壊理論
```

図 **I.1** 絶縁破壊理論

破壊を電気機械破壊という．

## 付録 J 複素誘電率と誘電損について

実際の誘電体では損失が生じる．これを等価回路で表すには図 J.1 のように抵抗 $R$ と静電容量 $C$ の並列回路と直列回路の 2 通りが考えられる．周波数が低い場合に並列回路を，高い場合に直列回路が用いられる．

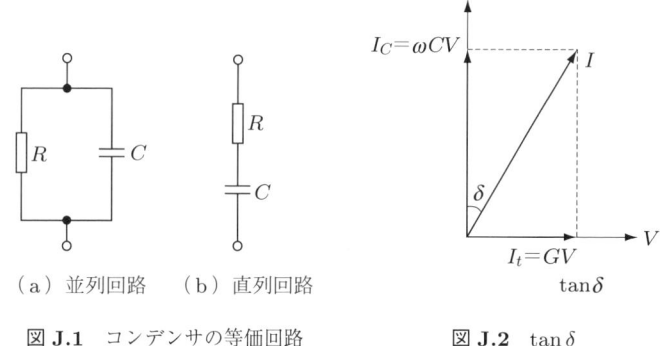

（a）並列回路　（b）直列回路

図 **J.1** コンデンサの等価回路　　　　図 **J.2** $\tan\delta$

次式で定義される複素誘電率を用いると損失が簡単に表されることを示そう．

$$\varepsilon^* = \varepsilon' - j\varepsilon'' \qquad (\varepsilon_r^* = \varepsilon_r' - j\varepsilon_r'') \tag{J.1}$$

並列回路を例にとって説明する．電圧 $V$ を印加したときに流れる電流 $I$ は

$$I = (j\omega C + G)V = jI_C + I_l \tag{J.2}$$

で与えられる．真空の場合の静電容量を $C_0$ とおくと $C = \varepsilon_r' C_0$ となり，また $\tan\delta$ は図 J.2 に示すように

$$\tan\delta = \frac{I_l}{I_C} = \frac{G}{\omega C} \tag{J.3}$$

で定義される．これを式 (J.2) に代入すると

$$I = (j\omega\varepsilon_r'C_0 + \omega\varepsilon_r'\tan\delta C_0)V \tag{J.4}$$

となる．式 (J.1) の関係を使うと

$$I = (j\omega\varepsilon_r' + \omega\varepsilon_r'')C_0 V = j\omega\varepsilon_r^* C_0 V, \qquad \tan\delta = \frac{\varepsilon_r''}{\varepsilon_r'} \tag{J.5}$$

となり，損失がある回路でも形式的に無損失の回路と同様に取り扱うことができる（$\varepsilon_r''$ を比誘電損率という）．

電力損失 $P$ は

$$P = \frac{1}{2}R_e(VI) = \frac{1}{2}\omega\varepsilon_r''C_0 V^2 = \omega\varepsilon_r''C_0 \bar{V}^2$$
$$(\bar{V} \text{ は } V \text{ の実効値}) \tag{J.6}$$

と書くことができる．

導電率 $\sigma$ は式 (J.5) からわかるように次式のように与えられる．

$$\sigma = \omega\varepsilon_r''\varepsilon_0 \tag{J.7}$$

## 付録 K 確率の流れと電流密度

第 5 章において，波動関数 $\phi$ とその複素共役 $\phi^*$ を用いて，空間のある位置における粒子の存在確率が $\phi\phi^*$ で与えられることを述べた．この時間微分をとると

$$\frac{\partial}{\partial t}\phi\phi^* = \phi^*\frac{\partial\phi}{\partial t} + \phi\frac{\partial\phi^*}{\partial t} \tag{K.1}$$

となる．また，量子力学では時間に関する波動方程式は次式で与えられている．

$$\mathcal{H}\phi = -i\hbar\frac{\partial\phi}{\partial t} \tag{K.2}$$

この式の複素共役をとり，さらにわれわれが観測できる現象では $\mathcal{H} = \mathcal{H}^*$ であることを考慮すると

$$\mathcal{H}\phi^* = -i\hbar\frac{\partial\phi^*}{\partial t} \tag{K.3}$$

が得られる．式 (K.2) に $\phi^*$ を，式 (K.3) に $\phi$ を集じて和をとり，整理すると

$$\frac{\partial}{\partial t}\phi\phi^* = \frac{1}{i\hbar}(\phi^*\mathcal{H}\phi - \phi\mathcal{H}\phi^*) = \frac{1}{i\hbar}\left\{-\frac{\hbar^2}{2m}(\phi^*\nabla^2\phi - \phi\nabla^2\phi^*)\right\}$$
$$= \frac{i\hbar}{2m}\nabla\cdot(\phi^*\nabla\phi - \phi\nabla\phi^*)$$

となる．粒子を電子と考えると電荷密度 $\rho$ は $\rho = -e|\phi|^2 = -e\phi\phi^*$ と考えることができ，単位面積を通過する $|\phi|^2$ の時間変化は電流密度となる．したがって，電流密度 $J$ として

$$J = -i\frac{e\hbar}{2m}(\phi^*\nabla\phi - \nabla\phi^*) \tag{K.4}$$

が得られる．

# 演習問題解答

**1 章**

**1.1** パソコンを利用した数値解析が有効である．解図 1.1 はエクセルを用いて解析した例であるが，見やすさのため途中を一部省略してある．左側 B 列に実験値 27 個を並べ，上部第 3 行に候補の数値を並べてある．それらの交わるところ，たとえば C4 セルでは，1.000 という候補数値の整数倍が 674.36217 とした場合の 2 乗誤差（すなわち $0.36217^2$）を計算している．ただし，実験値を候補の数で割るときの割り算は四捨五入とする．また，$ は，コピーして各セルを作るため絶対参照を示す．一番下の行は 2 乗誤差の合計であり，ここの最小のものが欲しい元の数値の可能性がある．誤差の程度によっては大変難しい解析となる．インターネット上にエクセルのファイルを公開するので，参考にされたい．

解図 1.1　エクセルを用いた解析例

**1.2** 運動エネルギー $\frac{1}{2}mv^2 = 1\,[\mathrm{keV}]$ より,

$$v = \sqrt{\frac{2}{9.1 \times 10^{-31}} \times 1.6 \times 10^{-16}} = 1.9 \times 10^7 \,[\mathrm{m/s}]$$

となる.

**1.3** 例として消費電力から計算を行う. 18000 本の真空管が 100 [kW] の電力を要した. これを単純に $1 \times 10^9$ 個の場合に比例計算すると 6000 [MW] の値になる. この電力は, 現在の発電所 1 箇所の発電能力 1000 [MW] 程度を大きく上回り, $1 \times 10^9$ 個の真空管を用いたコンピュータは事実上作製できない.

## 2 章

**2.1** ここでは, パソコンを用いた解析例を紹介する. 解図 2.1 は, 左から A 列に $\lambda$ の値, B 列にその逆数を表示している. 第 1 行および第 2 行に, 仮に設定された $m$ と $n$ の値を羅列し, その $\lambda$, $m$, $n$ の値を式 (2.1) に代入して求めた $R$ の値を右下の部分に示した. この値で $1.097 \times 10^7\,[\mathrm{m}^{-1}]$ という値がすべての $\lambda$ に対してみられることから, 式 (2.1) が成立し, $R$ が $1.097 \times 10^7\,[\mathrm{m}^{-1}]$ であることがわかる.

解図 2.1 リュードベリ定数の導出

**2.2** $n = 1,\ 2,\ 3,\ 4$ を代入し,

$$E_1 = -\frac{13.6}{1^2} = -13.6\,[\mathrm{eV}], \qquad E_2 = -\frac{13.6}{2^2} = -3.4\,[\mathrm{eV}],$$

$$E_3 = -\frac{13.6}{3^2} = -1.5\,[\mathrm{eV}], \qquad E_4 = -\frac{13.6}{4^2} = -0.85\,[\mathrm{eV}]$$

となる.

**2.3** 電子との衝突の前後で光子はその運動方向を変えているので, 式 (2.8) において, $h\nu_i/c$ などの運動量はベクトルとして扱う必要がある. 最初の光子の運動方向を $x$ 方向, 衝突後の光子の運動方向を $y$ 軸方向に 10° 曲がった方向として,

$$\frac{hv_i}{c} = \frac{hv_f}{c}\cos 30° + mv_x, \qquad および \quad 0 = \frac{hv_f}{c}\sin 30° + mv_y$$

となる．値を代入して，

$$mv_x = \frac{hv_i}{c} - \frac{hv_f}{c}\cos 30° = \frac{6.6\times 10^{-34}}{3.0\times 10^8}(7.0\times 10^{14} - 4.0\times 10^{14}\times 0.71)$$
$$= 9.2\times 10^{-28}\ [\mathrm{kg\cdot m/s}]$$

$$mv_y = -\frac{hv_f}{c}\sin 30° = -\frac{6.6\times 10^{-34}}{3.0\times 10^8}(4.0\times 10^{14}\times 0.5)$$
$$= -4.4\times 10^{-28}\ [\mathrm{kg\cdot m/s}]$$

$$|mv| = \sqrt{(mv_x)^2 + (mv_y)^2} = 1.0\times 10^{-27}\ [\mathrm{kg\cdot m/s}].$$

**2.4** (ii) 水素原子の発光は電子のエネルギー遷移によるものであるが，電子のエネルギーは電子の波が干渉して残る条件から特定のエネルギーを離散的にとる．これが，発光波長が特定の値となる原因である．
(iii) シリコン原子が結晶を作るのはシリコン原子間の結合距離に最適値があるためである．これが，電子の波動性を考慮した原子軌道の大きさによるものと考えれば，電子の波の性質が寄与している現象ととらえることができる．

**3章**
**3.1** 波動関数は，一様に分布する（電子の存在確率が一定の）範囲で，

$$\Psi(x,t) = A\mathrm{e}^{i(kx-\omega t)}$$

と表される．この電子の存在確率は，

$$\overline{\Psi}\Psi = A^2$$

で，$A$ が1となり，エネルギーは，

$$\mathrm{E} = \hbar\omega = i\hbar\frac{\frac{d\Psi}{dt}}{\Psi}$$

で，$1\,[\mathrm{eV}] = e\,[\mathrm{J}]$ となる．これらに値を代入して，

$$\Psi(x,t) = \mathrm{e}^{i\left(kx - \frac{e}{\hbar}t\right)}$$

となる．ただし，波数 $k$ は任意の実数とすると $\Psi$ は条件をみたす．
**3.2** 実数の波として $\Psi(x,t) = \sin x \times \cos t$ といった関数を考えると，この波は空間や時間で振動する波と考えることができる．しかし，この波で表される電子がある $x$ にずっと存在する，あるいは，$x = 2\pi$ の点も含めて広く存在するといった場合には，この関数では表すことができない．虚数の指数関数は，絶対値が1であっても，その偏角（またはどれだけが実数でどれだけが虚数か）を変えることで，波が

干渉する様子を表すことができ，電子の波の性質を表すのに適切な表現である．

## 4 章
**4.1** 電子の密度は波動関数の絶対値の二乗で与えられる．したがって，実部，虚部の値は振動しても，その振動の大きい（a）の方が電子の密度（存在確率）が高い．一方，$x$ 方向への振動の波長をみると，（b）の方が細かく振動している．したがって，運動量の $x$ 成分は（b）の方が大きい．

**4.2** $E_k = \dfrac{1}{2m}\hbar^2 k^2 = 1\,[\text{eV}] = 1.602 \times 10^{-19}\,[\text{J}]$ に $m = 9.11 \times 10^{-31}\,[\text{kg}]$，$\hbar = 1.05 \times 10^{-34}\,[\text{Js}]$ を代入し，

$$k = \frac{\sqrt{1.602 \times 10^{-19}\,[\text{J}] \times 2 \times 9.11 \times 10^{-31}\,[\text{kg}]}}{1.05 \times 10^{-34}\,[\text{Js}]} = 5.15 \times 10^9\,[\text{m}^{-1}]$$

となる．電子の波長としては，$1\,[\text{nm}]$ 程度になる．なお，単位の換算には，$[\text{J}] = [\text{Nm}] = [\text{kgms}^{-2}\text{m}] = [\text{kgm}^2\text{s}^{-2}]$ となることを用いた．

**4.3** この条件は，$x<0$，$x>1$，$y<0$，$y>1$，$z<0$，$z>1$ で $\phi(x,y,z)=0$ となることを示す．だが，$\phi$ はそれぞれの境界で連続でなくてはいけないため，例として，

$$|\phi(x,y,z)| = (1-\cos\pi x)(1-\cos\pi y)(1-\cos\pi z)$$

とするとどうだろう．もちろん，各方向に振動的でないと運動量がないため，

$$\phi(x,y,z) = (1-\cos\pi x)(1-\cos\pi y)(1-\cos\pi z)e^{\pi i(x+y+z)}$$

とすると，実在しそうな波動関数になる．

## 5 章
**5.1** 図 5.3 のように障壁の高さを $V$，左側から入射する電子のエネルギーを E とする．このとき $x=0$ を境としてつぎの二つの波動方程式が成立する．

$$-\frac{\hbar^2}{2m}\frac{d^2\phi_1}{dx^2} + (-E)\phi_1 = 0 \qquad (x<0)$$

$$-\frac{\hbar^2}{2m}\frac{d^2\phi_2}{dx^2} + (V-E)\phi_2 = 0 \quad (x>0)$$

この波動方程式から得られる解を

$$\left.\begin{array}{l}\phi_1(x) = A_1\exp(ik_1 x) + B_1\exp(-ik_1 x) \\ \phi_2(x) = A_2\exp(ik_2 x) + B_2\exp(-ik_2 x)\end{array}\right\}$$

ただし $\quad k_1 = \left(\dfrac{2mE}{\hbar^2}\right)^{\frac{1}{2}}, \quad k_2 = \left\{\dfrac{2m(E-V)}{\hbar^2}\right\}^{\frac{1}{2}}$

とおくと，$x=0$ の境界における連続の条件 $\phi_1(0)=\phi_2(0)$，$\phi_1'(0)=\phi_2'(0)$ から係数についてつぎの関数が得られる．

$$A_1+B_1=A_2+B_2, \qquad k_1(A_1-B_1)=k_2(A_2-B_2)$$

$x \geqq 0$ では透過波のみであるから，$B_2=0$ である．

障壁の存在によって電子は反射される．この割合は，$E>V$ のときには入射波の振幅の 2 乗と反射波の振幅の 2 乗の比，すなわち

$$\text{反射率} \quad R = \frac{B_1{}^2}{A_1{}^2} = \frac{(k_1-k_2)^2}{(k_1+k_2)^2}$$

$$= \frac{\left\{1-\left(1-\frac{V}{E}\right)^{\frac{1}{2}}\right\}^2}{\left\{1+\left(1-\frac{V}{E}\right)^{\frac{1}{2}}\right\}^2} \qquad (\text{解 } 5.1)$$

となる．また透過率は領域 I および II で速度が違うので

$$\text{透過率} \quad T = \frac{A_2{}^2 v_2}{A_1{}^2 v_1} = \frac{A_2{}^2 k_2}{A_1{}^2 k_1}$$

$$= \frac{4\left(1-\frac{V}{E}\right)^{\frac{1}{2}}}{\left\{1+\left(1-\frac{V}{E}\right)^{\frac{1}{2}}\right\}^2}$$

($v_1$, $v_2$ は領域 I，II における速度)

電子のエネルギーが障壁のポテンシャルより大きくても通過に対して電子は障壁の影響を受ける．$E$ が $V$ に近いときはほとんど反射されることを式 (解 5.1) は示している．

一方，$E<V$ のときは，$k_2=ik=\dfrac{i\{2m(V-E)\}^{\frac{1}{2}}}{\hbar}$ とおくと

$$R = \left(\frac{k_1-ik}{k_1+ik^2}\right)$$

となり，$R^*R=1$ であるから当然のことながら反射率は 1 である．すなわち，電子は完全に反射される．

**5.2** 例題 5.2 の解，式 (5.12) は，指数関数であり，$E<V$ で，$\beta$ が実数の場合には $x$ が $\pm\infty$ で $\phi(x)$ が $\infty$ に発散する．このような関数が実在するには，$x$ の範囲が有限の値で終わるように制限されている必要がある．たとえば，$0<x<10$ [nm] の範囲に電子を閉じ込めた場合には，このようにエネルギーの低い電子の波も指数関数で存在できる．このことは，ごく薄いポテンシャルエネルギーの高い層を電子の波が通り抜ける，トンネル効果などの場合に観測される．

**5.3** Na と K では，3s と 4s (1 電子)，C と Si では，2s, 2p 軌道と，3s, 3p 軌道 (4 電子)，F と Cl では，2s, 2p 軌道と，3s, 3p 軌道 (7 電子) と，価電子の軌道

の形や数が一致している．原子の結合には価電子が大きく寄与しているが，価電子の軌道の形状も含めて同一であれば，その化学的性質は極似したものとなる．これらの原子間では，結晶の大きさのみ若干異なるため，結合の強さ（硬さ）や後述の禁制帯幅などの性質については異なるものの，反応性などの性質はほぼ同じである．

## 6章

**6.1** ダイヤモンド構造では，単位格子に多数の原子が含まれる．格子定数を $a$ とし，図 6.6 を注意して見ると，一つ隣の原子とは $x, y, z$ のいずれの方向にも同じ面にはなく，$x, y, z$ 方向それぞれに $\dfrac{a}{4}$ だけずれている．したがって，隣の原子（第 1 近接原子という）との距離 $d$ は，

$$d = \sqrt{\left(\frac{a}{4}\right)^2 + \left(\frac{a}{4}\right)^2 + \left(\frac{a}{4}\right)^2} = \frac{\sqrt{3}}{4}a$$

となる．このとき，炭素（ダイヤモンド），シリコン，ゲルマニウム結晶の格子定数 0.356 [nm]，0.543 [nm]，0.565 [nm] を代入することにより，それぞれの結晶での第 1 近接原子間距離が求められる．結果はつぎの解表 6.1 のようになる．

解表 6.1 ダイヤモンド構造の格子定数と原子間距離

| 元　素 | 格子定数 [nm] | 第 1 近接原子間距離 [nm] |
| --- | --- | --- |
| 炭素 | 0.356 | 0.154 |
| シリコン | 0.543 | 0.235 |
| ゲルマニウム | 0.565 | 0.245 |

**6.2** ダイヤモンド（炭素）の価電子は，2s，2p 電子であり，シリコンの価電子は，3s，3p 電子である．また，価電子の数とともに，結晶の形も同一のダイヤモンド構造である．したがって，ダイヤモンドとシリコンの違いは，純粋に 2s，2p 軌道と，3s，3p 軌道の大きさの違いである．シリコンの 3s，3p 軌道は，ダイヤモンドの 2s，2p 軌道とほぼ同じエネルギーであるが，波三つの軌道であるため，それだけ原子核から遠い場所で安定になる．結晶をつくる際は，この価電子の軌道を共有するが，この軌道の重なりに最適値があり，3s，3p 軌道の方が離れた位置で安定となるため，シリコン結晶の方が格子定数が大きくなる．

**6.3** 金属では，もともと価電子であった電子が自由に結晶中を移動するようになる．金属ナトリウムの価電子は，3s 電子であるため，Na の 3s 軌道にあった電子が動いて電流を流す．

## 7章

**7.1** 式 (7.17) で $P = 0$ とすると，

$$\cos ka = \cos \alpha a$$

から

$$k = \pm\alpha = \pm\frac{\sqrt{2mE}}{\hbar}$$

となり，すべての正のエネルギー E に対して，それに対応する波数 $k$ が存在するため，禁制帯が発生しない．

表現を改めれば，式 (7.15) で $P = 0$ とすることは，障壁が十分に小さい場合とした式 (7.14) を用いることになる．原子の境目の効果がなければ，自由電子のエネルギーを計算することになり，禁制帯がなく，すべてのエネルギーを取ることができる．

**7.2** $P$ が十分に大きい場合，式 (7.17) を満たす $\alpha a$ を考えると，$\dfrac{\sin \alpha a}{\alpha a} \to 0$ すなわち，$\alpha a = \pi, 2\pi, 3\pi, 4\pi, \cdots$ といったもとの禁制帯の現れた波数しかとれなくなる．

**7.3** フェルミレベルの付近に禁制帯のない金属では，価電子が自由に動き結晶の結合に寄与している．このため，金属の結晶では，原子が密に詰まった方が安定になり，面心立方格子などの結晶構造が多い．一方，フェルミレベルの付近に禁制帯がある物質，ダイヤモンド，半導体シリコンなどでは，通常自由になる電子はなく，結合は，価電子がその軌道の形を反映して共有結合を取っている．そのため，ダイヤモンドなどは，原子密度の低い結晶構造をとり，炭素が軽い元素であることも含めて密度の低い物質である．

## 8 章

**8.1** フェルミ-ディラックの分布関数に $E - E_F = 0.1\,[\text{eV}]$ を代入すると，

$$f(E) = \frac{1}{e^{\frac{E-E_F}{k_B T}} + 1} = \frac{1}{e^{\frac{0.1}{0.026}} + 1} = 0.02$$

となる．

**8.2** フェルミレベルより $0.1\,[\text{eV}]$ 低いエネルギーの電子状態を占める割合は，式 (8.8) に $E - E_F = -0.1\,[\text{eV}]$ を代入することにより，

$$f(E_F - 0.1\,[\text{eV}]) = \frac{1}{1 + e^{\frac{-0.1\,[\text{eV}]}{k_B T}}}$$

となる．これは，低温では，ほとんど 1（150 [K] で 0.999）であるが，$T$ が室温付近では，0.98 ほどの値である．さらに温度が上昇すると，400 [K] で 0.95 と室温よりはかなり減少する．金属などでは，室温でもフェルミレベルよりも下のエネルギーで多数の電子によって占められていない状態があることを示している．実は後述の正孔が多く存在し電流を流している．

**8.3** エネルギー E が十分に大きいとき，$e^{\frac{E-E_F}{k_B T}}$ が大きくなるため，分母の $\pm 1$ はあまり問題でなく，ボーズ粒子の場合でもフェルミ粒子の場合でも，

$$f(E) = e^{-\frac{E-E_F}{k_B T}}$$

で近似できる．

# 9 章

**9.1** 式 (9.8) で $M = m$ とすると，

$$\omega^2 = \frac{2\alpha}{m} \pm \frac{2\alpha}{m}\sqrt{1 - \sin^2\frac{Ka}{2}}$$

となり，$K = \dfrac{\pi}{a}$ の場合は根号の中がゼロになり，$\omega$ は 0 から，$2\sqrt{\dfrac{\alpha}{m}}$ までのすべての値をとれることがわかる．

**9.2** 式 (9.8) の根号の中に注意しよう．題意より，$M, m$ ともに正で，$M \neq m$ ならば，

$$\frac{\frac{1}{M} + \frac{1}{m}}{2} > \sqrt{\frac{1}{M} \times \frac{1}{m}}$$

であるため，

$$\left(\frac{1}{M} + \frac{1}{m}\right)^2 > \frac{4}{Mm} \geq \frac{4\sin^2\frac{Ka}{2}}{Mm}$$

である．根号の中は正であり，式 (9.8) は 2 実根をもつ．$\omega^2$ は正でなくてはならないが，

$$\frac{4\sin^2\frac{Ka}{2}}{Mm}$$

は，$Ka = \pi$ を除けば正であり，複号の後の項は前項よりも小さく，式 (9.8) の 2 実根はともに正である．$\omega$ は正であるため，式 (9.8) を満たす $\omega$ は二つとなる．

**9.3** 式 (9.8) からフォノンの周波数やエネルギーは，$\sqrt{\alpha}$ に比例していることがわかる．縦波と横波で $\alpha$ の値が異なるため，一般的にフォノンの種類は 4 種類ある．その結果，音響フォノンには LA と TA の 2 様式，光学フォノンには LO と TO の 2 様式がある．ただし，音響フォノンはエネルギーの波数依存性が大きく，光学フォノンはエネルギーが波数にあまりよらない性質は，縦波と横波に共有される性質である．

**9.4** シリコン結晶は，正四面体の頂点に隣の原子のあるダイヤモンド構造の結晶である．したがって，熱の伝わる（格子振動の進む）方向により原子間隔や共有する原子の軌道の方向が異なる．このとき，式 (9.1), (9.2) の $\alpha$ が異なるのみならず，フォノンの進行方向には隣の原子が存在しない場合もある．したがって，熱の伝搬する方向によって熱伝導度もある程度影響を受ける．

**9.5** ダイヤモンドは絶縁体であり，格子振動が熱伝導に寄与している．ダイヤモンドは原子密度が低く比熱も小さく，結晶欠陥も少ないため，フォノンの平均自由行程

も大きく熱をよく伝える．

## 10章
**10.1** 配線に用いる銅も酸化される物質であり，銅結晶中では，他の金属の不純物とともに酸素が混入されることが知られている．とくに酸素原子は電気的に性質が大きく異なり，銅結晶中の電子の移動を散乱する．したがって，酸素による欠陥を軽減することで導電率やその周波数依存性などを改善することができるので，無酸素銅を用いる．

**10.2** 伝導に寄与する電子は，価電子のなかでもフェルミレベル近傍の電子のみである．したがって，単純に価電子の数がキャリア密度を決めているわけではなく，1原子あたりの価電子数の一つしかない銅でも低抵抗となりうる．

**10.3** 温度を上昇させるとフェルミレベルよりも大きいエネルギーの電子の数は増え，キャリア密度は上昇する．しかし，キャリアの移動度は熱による散乱のため減少する場合があり，必ずしも導電率を上昇させない．

## 11章
**11.1** 正解は，Cのホウ素（B）が0.01%混ざったシリコンである．アクセプタ不純物であるホウ素を混ぜたシリコンは正孔がキャリアとなり，室温でもよく電流を流す．Aのダイヤモンドはもちろん，不純物の混じったDのガラスも絶縁体で電流を流さない．Bの高純度のシリコンは真性半導体であり，低温や室温ではほとんどキャリアがなく，電流を流さない．しかし，非常に高温になるとキャリアが発生し電流を流す．

**11.2** n形半導体と指定されているので，バンドギャップのある半導体のバンド構造に，伝導帯端の付近にフェルミレベルが存在する状態を描くとよい（図11.6参照）．

**11.3** 電子，正孔がともに存在するとき，電子による電流と正孔による電流を合計したものが試料を流れる電流となるため，

$$\sigma = en_e\mu_e + en_h\mu_h$$

となる．

**11.4** リンを添加されたシリコン結晶はn形半導体であり，導電率は，

$$\sigma = en_e\mu_e$$

となる．リンの添加量は，一般的には，電子密度を上昇させる傾向があるが，必ずしも添加量と同一にはならない．$1 \times 10^{18}$ [cm$^{-3}$] 以上の高濃度に添加した場合などでは顕著であるが，リンの添加量を増やしても伝導電子密度 $n_e$ はあまり上昇しないことがある．また，リンなどの不純物を添加すると結晶には欠陥を多く生成するため，$\mu_e$ を減少させることが多い．問題のシリコン結晶では，リンの量を増やしたことによる $n_e$ の上昇の効果を $\mu_e$ の減少の効果が打ち消して，結果的に導電率が同一となったものと思われる．

## 12 章

**12.1** 問題文にあるように真性半導体では,

$$n_e = n_h$$

となる．これと式 (12.12) より,

$$n_e = n_h = \sqrt{N_c N_v \mathrm{e}^{-\frac{E_g}{k_B T}}} = \sqrt{N_c N_v} \mathrm{e}^{-\frac{E_g}{2k_B T}}$$

だが, 式 (12.9), 式 (12.11) と $m = m_e^* = m_h^*$ より

$$n_e = n_h = \frac{2}{h^3}(2\pi m k_B T)^{\frac{3}{2}} \mathrm{e}^{-\frac{E_g}{2k_B T}}$$

となり, 数値を代入して, Ge の場合, $n_e = n_h = 2.28 \times 10^{19}\,[\mathrm{m}^{-3}]$, Si の場合, $n_e = n_h = 1.48 \times 10^{16}\,[\mathrm{m}^{-3}]$ となる.

**12.2** 式 (12.9) に値を代入し, $N_c$ は,

$$\begin{aligned}N_c &= \frac{2}{h^3}(2\pi m_e^* k_B T)^{\frac{3}{2}} \\ &= \frac{2}{(6.6 \times 10^{-34})^3}(2\pi \times 1 \times 9 \times 10^{-31} \times 0.026 \times 1.6 \times 10^{-19})^{\frac{3}{2}} \\ &= 2.5 \times 10^{25}\,[\mathrm{m}^{-3}]\end{aligned}$$

となり, $N_v$ は,

$$\begin{aligned}N_v &= \frac{2}{h^3}(2\pi m_h^* k_B T)^{\frac{3}{2}} \\ &= \frac{2}{(6.6 \times 10^{-34})^3}(2\pi \times 0.5 \times 9 \times 10^{-31} \times 0.026 \times 1.6 \times 10^{-19})^{\frac{3}{2}} \\ &= 9 \times 10^{24}\,[\mathrm{m}^{-3}]\end{aligned}$$

となる.

**12.3** 式 (12.12) にバンドギャップの値を代入し,

$$n_e n_h = 2.5 \times 10^{25} \times 9 \times 10^{24} \times \mathrm{e}^{-\frac{1.1}{0.026}} \approx 1.0 \times 10^{32}\,[\mathrm{m}^{-6}]$$

となる.

**12.4** 式 (12.15) より

$$\begin{aligned}n_e &= \sqrt{2.5 \times 10^{25} \times (1 \times 10^{18} \times 10^6)}\, \mathrm{e}^{-\frac{0.05}{2 \times 0.026}} \\ &= 1.9 \times 10^{24}\,[\mathrm{m}^{-3}] \\ &= 1.9 \times 10^{18}\,[\mathrm{cm}^{-3}]\end{aligned}$$

*166* 演習問題解答

となり，添加したドナーの密度より大きくなるが，これは正しくなく，フェルミ–ディラックの分布関数を省略した議論の誤差であろう．

## 13 章
**13.1** 式 (13.7) に代入することにより，

$$\mu_e = -R_H \sigma_n = -(-4 \times 10^{-4}) \div (3 \times 10^{-4}) = 1.3 \ [\mathrm{m^2/Vs}]$$

となる．キャリア密度は，式 (13.5) より，

$$n_e = \frac{1}{eR_H} = \frac{1}{1.6 \times 10^{-19} \times 4 \times 10^{-4}} = 1.6 \times 10^{22} \ [\mathrm{m^{-3}}]$$

となる．

**13.2** ペルティエ効果では，1 個の電子が禁制帯幅に近い値のエネルギーを吸収し流れることによって冷却（加熱）を行っている．実際には，周りの温度等の影響は受けるが，基本的にはその半導体の物性値である禁制帯幅によるエネルギーであるため，移動する電子の個数すなわち電流に比例する熱量が運ばれることになる．

**13.3** 光導電素子としては，特定の波長の光をよく吸収したり，光の入力に対して高速で応答したりすることが求められる．禁制帯幅が 1.1 [eV] と普通の大きさで間接遷移型のシリコンは，エネルギー 1.1 [eV] 付近の光をあまり吸収できず，有効とはされていない．一方，太陽電池の場合は，やや禁制帯幅が小さめのシリコンでは，間接遷移型であっても，重要とされる近赤外光から可視光くらいの波長の光をある程度吸収する．また，現在の半導体技術の粋を集めた製造プロセスにより，最高品質の結晶が得られていることもあって，民生用の太陽電池用には最高の材質とされている．

## 14 章
**14.1** 運動量 $p$ は $p = \hbar k$ と $k = \dfrac{\pi}{L} \cdot n$ の関係から量子数 $n_x, n_y, n_z$ を使って，

$$n_x = \frac{2L}{h}|P_x|, \qquad n_y = \frac{2L}{h}|P_y|,$$
$$n_z = \frac{2L}{h}|P_z| \qquad (n_x, n_y, n_z = 0, 1, 2, 3, \cdots)$$

と表される．ここでは $p_x, p_y, p_z \geq 0$ を考えているので $n_x, n_y, n_z$ の半分を考えればよく，$n_x, n_y, n_z$ はそれぞれ

$$n_x = \frac{L}{h}p_x, \quad n_y = \frac{L}{h}p_y, \quad n_z = \frac{L}{h}p_z$$

となり，これより，

$$dn_x = \frac{L}{h}dp_x, \quad dn_y = \frac{L}{h}dp_y, \quad dn_z = \frac{L}{h}dp_z$$

となる．したがって，スピンも含めて，$p_x \sim p_x+dp_x$, $p_y \sim p_y+dp_y$, $p_z \sim p_z+dp_z$ 間の状態数 $dN$ は

$$dN = 2 \times \frac{L^3}{h^3} dp_x dp_y dp_z = V \cdot \frac{2}{h^3} dp_x dp_y dp_z$$

となる．この結果から，単位体積あたりの状態密度を $D(p)$ と書くと $D(p)$ は

$$D(p) = \frac{2}{h^3}$$

が与えられる．

**14.2** 熱電子放出しうる電子は，その運動量が $\infty > p_x \geq p_{x_0}$, $\infty > p_y > -\infty$, $\infty > p_z > -\infty$ となる電子である．表面に到達する電子は毎秒単位体積あたり $\left(\frac{p_x}{m}\right) dn$ である．ここで，$dn$ は $p_x \sim p_x + dp_x$ に入る電子であり，$dn = \left(\int_{-\infty}^{\infty} \int_{-\infty}^{\infty} f(p) D(p) dp_y dp_z\right) dp_x$ で与えられるものである．電子のエネルギー E は

$$\mathrm{E} = \frac{1}{2m}(p_x{}^2 + p_y{}^2 + p_z{}^2)$$

で与えられるから，放出可能な電子が有するエネルギーの平均値 E は

$$\mathrm{E} = \frac{\int_{-\infty}^{\infty} \int_{-\infty}^{\infty} \int_{p_{x_0}}^{\infty} \frac{1}{2m}(p_x{}^2 + p_y{}^2 + p_z{}^2) \cdot \frac{p_x}{m} f(p) D(p) dp_x dp_y dp_z}{\int_{-\infty}^{\infty} \int_{-\infty}^{\infty} \int_{p_{x_0}}^{\infty} \frac{p_x}{m} f(p) D(p) dp_x dp_y dp_z}$$

で，熱電子放出では $\mathrm{E} \gg \mathrm{E_F}$ と考えてよいから，フェルミ分布関数 $f(p)$ を用い，$p_x$, $p_y$, $p_z$ に関して分離して積分を行う．計算式が煩雑になるので計算結果のみを示すと，上式

$$\text{分子は}: \frac{1}{2m}(2\pi m k_B T)(m k_B T) \exp\left(-\frac{p_{x_0}{}^2}{2m k_B T}\right)(p_{x_0}{}^2 + 4 m k_B T)$$

$$\text{分母は}: (2\pi m k_B T)(m k_B T) \exp\left(-\frac{p_{x_0}{}^2}{2m k_B T}\right)$$

となる．したがって，$\langle \mathrm{E} \rangle$ として次式の結果を得る．

$$\langle \mathrm{E} \rangle = \frac{p_{x_0}{}^2}{2m} + 2 k_B T$$

これは次式のように

$$\langle E \rangle = W + E_F + 2k_B T$$

と表すこともできる．電子が外部に放出される際には $W + E_F$ のエネルギーを失うので，結局，放出電子のエネルギーの平均値は $2k_B T$ となる．

**14.3** $J = AT^2 \exp\left(-\dfrac{W}{kT}\right)$

$$= 1.20 \times 10^6 \times (300)^2 \exp\left(-\dfrac{1}{8.617 \times 10^{-5} \times 300}\right)$$

$$= 4.6 \times 10^{-7} \ [\text{A/m}^2]$$

**14.4** 波長 $\lambda$ の光を照射したとき放出される光電子のエネルギー E は，仕事関数を $W$ とすると $E = \dfrac{hc}{\lambda} - W$ となるので，

$$E = \dfrac{hc}{\lambda} - W = \dfrac{6.626 \times 10^{-34} \times 3 \times 10^8}{2537 \times 10^{-10} \times 1.6 \times 10^{-19}} - 2.5 = 2.4 \, [\text{eV}].$$

**14.5** 解図 14.1 のような結果となる．

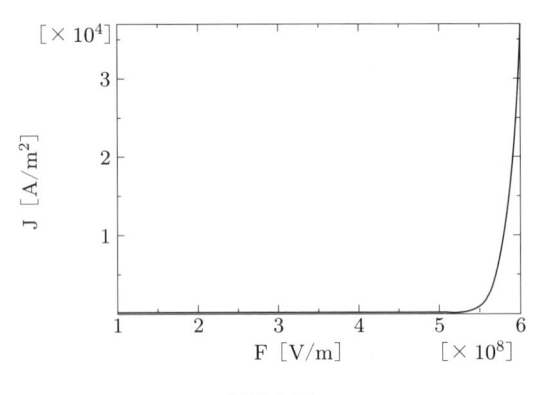

解図 **14.1**

**14.6** $\dfrac{1}{2}m\langle v^2 \rangle = \dfrac{3}{2}k_B T$ に数値を代入して

$$\dfrac{1}{2} \times 9.1 \times 10^{-31} \langle v^2 \rangle = \dfrac{3}{2} \times 8.617 \times 10^{-5} \times 300$$

$\langle v^2 \rangle = 1.36 \times 10^{10}$ が得られ，

$$\sqrt{\langle v^2 \rangle} = 1.17 \times 10^5 \ [\text{m/s}].$$

**14.7** $J = 0.6 \times 10^6 \times \exp\left(-\dfrac{4.5}{8.617 \times 10^{-5} \times 1000}\right)$

$= 0.6 \times 10^6 \times \exp(-52.2)$

$= 0.6 \times 10^6 \times 2.05 \times 10^{-23}$

$= 1.25 \times 10^{-11}\ [\text{A/m}^2]$

**14.8** $J(1.0\,[\text{MV/cm}])/J(0.5\,[\text{MV/cm}])$

$= \exp\left(\dfrac{e\sqrt{eF_{1\text{M}}/\pi\varepsilon_0} - e\sqrt{eF_{0.5\text{M}}/\pi\varepsilon_0}}{k_B T}\right)$

$= \exp\left(\dfrac{e\sqrt{1.6 \times 10^{-19} \times 10^8/(3.14 \times 8.854 \times 10^{-12})}}{k_B T}\right.$

$\left.-\dfrac{e\sqrt{1.6 \times 10^{-19} \times 0.5 \times 10^8/(3.14 \times 8.854 \times 10^{-12})}}{k_B T}\right)$

$= \exp\left(\dfrac{0.7586 - 0.5364}{8.617 \times 10^5 \times 1000}\right) = \exp(2.579) \approx 14$

## 15 章

**15.1** コンデンサの極板面積を $S$, 2 枚の極板間の距離を $d$ とする．また，真空の誘電率を $\varepsilon_0$, 材料の比誘電率を $\varepsilon$ とし，電極板間の電界を $E$ とすると，電圧は $V = E \times d$ となる．一方，静電容量 $C$ は $C = \dfrac{\varepsilon_0 \times \varepsilon \times S}{d}$ となる．使用電圧が 1000 [V] で許容電界が 1 [MV/cm] であるから，最小電極間隔は

$$\dfrac{1000}{1000 \times 10^8} = 10^{-5}\ [\text{m}]$$

である．この間隔で 1 [μF] の静電容量となるには

$$S = \dfrac{C \times d}{\varepsilon_0 \times \varepsilon} = \dfrac{1 \times 10^{-6} \times 1 \times 10^{-5}}{8.85 \times 10^{-12} \times 3.5} = 0.32\ [\text{m}^2].$$

**15.2** 並列：$\tan\delta = \dfrac{1}{\omega CR}$, 直列：$\tan\delta = \omega CR$

**15.3** 相互作用エネルギーは二つの双極子の位置ベクトルとの角度を $\theta_1$, $\theta_2$, また双極子間の角度を $\theta$ とすると，

$$W = -\dfrac{3}{r^5}\left[\{\mu_1 \times r \times \cos(\theta_1)\}\{\mu_2 \times r\cos(\theta_2)\} + \dfrac{\mu_1 \times \mu_2 \times \cos(\theta)}{r^3}\right]$$

である．

(a) の場合：
$$W = -\frac{3}{r^5}\left[\{\mu_1 \times r \times \cos(0)\}\{\mu_2 \times r \times \cos(0)\} + \frac{\mu_1 \times \mu_2 \times \cos(0)}{r^3}\right]$$
$$= -\frac{3}{r^5}\left\{(\mu_1 \times r)(\mu_2 \times r) + \frac{\mu_1 \times \mu_2}{r^3}\right\} = -\frac{2\mu_1\mu_2}{r^3}$$

(b) の場合：
$$W = -\frac{3}{r^5}\left[\left\{\mu_1 \times r \times \cos\left(\frac{\pi}{2}\right)\right\}\left\{\mu_2 \times r \times \cos\left(-\frac{\pi}{2}\right)\right\}\right.$$
$$\left.+ \frac{\mu_1 \times \mu_2 \times \cos(\pi)}{r^3}\right]$$
$$= -\frac{\mu_1\mu_2}{r^3}$$

(c) の場合：
$$W = -\frac{3}{r^5}\left[\left\{\mu_1 \times r \times \cos\left(\frac{\pi}{2}\right)\right\}\left\{\mu_2 \times r \times \cos\left(\frac{\pi}{2}\right)\right\}\right.$$
$$\left.+ \frac{\mu_1 \times \mu_2 \times \cos(0)}{r^3}\right]$$
$$= \frac{\mu_1\mu_2}{r^3}$$

(d) の場合：
$$W = -\frac{3}{r^5}\left[\{\mu_1 \times r \times \cos(0)\}\{-\mu_2 \times r \times \cos(0)\}\right.$$
$$\left.+ \frac{\mu_1 \times \mu_2 \times \cos(-\pi)}{r^3}\right]$$
$$= \frac{3}{r^5}\left\{(\mu_1 \times r)(\mu_2 \times r) - \frac{\mu_1 \times \mu_2}{r^3}\right\} = \frac{2\mu_1\mu_2}{r^3}$$

以上から，(a) < (b) < (c) < (d)．

**15.4** $\dfrac{J(1\,[\mathrm{MV/cm}])}{J(0)} = \exp\left(\dfrac{\beta\sqrt{F}}{k_B T}\right)$

$$\beta\sqrt{F} = \frac{1}{2}\sqrt{\frac{1.6 \times 10^{-19}}{\pi \times 8.85 \times 10^{-12} \times 2.2}}\sqrt{1 \times 10^8} = 0.26$$

となるので，

$$\frac{J(1\,[\mathrm{MV/cm}])}{J(0)} = \exp\left(\frac{\beta\sqrt{F}}{k_B T}\right) = \exp\left(\frac{0.26}{8.617\times 10^{-5}\times 300}\right)$$
$$= 1.98\times 10^4$$

すなわち, $1.98\times 10^4$ 倍となる.

**15.5** クーロン力が $\dfrac{e^2}{4\pi\varepsilon_0\varepsilon x^2}$ であるから, そのポテンシャルは $-\dfrac{e^2}{8\pi\varepsilon_0\varepsilon x}$ となる. これはショットキー効果の場合の 2 倍であり, このことから $2\beta_s = \beta_{PF}$ となることがわかる.

**15.6** $C = \dfrac{\varepsilon_0\varepsilon_r' S}{d} = \dfrac{8.85\times 10^{-12}\times 3.0\times 0.1\times 0.1}{0.001}$
$= 2.7\times 10^{-10} = 270\,[\mathrm{pF}]$

**15.7** $1\,[\mathrm{Debye}] = 10^{-10}\times \dfrac{1}{3}\times 10^{-9}\times 10^{-10} = 3.33\times 10^{-30}\,[\mathrm{C\cdot m}]$ であるから

$$x = \frac{1.04\times 3.33\times 10^{-30}\times 1\times 10^8}{1.6\times 10^{-19}\{8.617\times 10^{-5}\times(273.15+25)\}}$$
$$= \frac{1.35\times 10^{-20}}{1.6\times 10^{-19}} = 0.084 \ll 1.$$

## 16 章

**16.1** 磁気モーメント: $\dfrac{1}{3}e\mu_0\omega r^2$, 角運動量: $\dfrac{2}{3}m\omega r^2$

**16.2** $L = 3$, $S = \dfrac{3}{2}$, $J = \dfrac{3}{2}$ であるから

$$g = \frac{3}{2} + \frac{S(S+1)-L(L+1)}{2J(J+1)} = 1.5 + \frac{1.5(1.5+1)-3(3+1)}{2\times 1.5(1.5+1)} = 0.4$$
$$\sqrt{J(J+1)} = \sqrt{1.5(1.5+1)} = 1.94$$

したがって,
$$\mu_J = g\{\sqrt{J(J+1)}\}\mu_B = 0.78\mu_B.$$

**16.3** 個々の自由電子がそれぞれスピンをもっており, 磁界中においてはこのスピンの向きによってポテンシャルエネルギーに差ができる. このため, ポテンシャルエネルギーの低い電子が多くなり, 全体として相殺されずに残った分が磁気モーメントとして現れる.

**16.4** $\mu_B = \hbar\left(\dfrac{\mu_0\times e}{2m_e}\right) = 1.055\times 10^{-34}\times\left(\dfrac{4\pi\times 10^{-7}\times 1.6\times 10^{-19}}{2\times 9.1\times 10^{-31}}\right)$
$= 1.165\times 10^{-29}\,[\mathrm{Wb\cdot m}]$

単位換算を行うと，

$$\mu_B = \left(\frac{\hbar\mu_0 \times e}{2m_e}\right)_{\text{MKSA}}$$
$$= (e\hbar/2m_e c)_{\text{CGS}} = 0.9274096 \times 10^{-20} \text{ [erg/G]}$$
$$= 0.9274096 \times 10^{-23} \text{ [JT}^{-1}\text{]}.$$

## 17章

**17.1** 臨界磁界と温度との関係は

$$H(T) = H_{c_0}\left\{1 - \left(\frac{T}{T_{c_0}}\right)^2\right\}$$

で表わされるので，

$$\frac{T}{4.2} = \sqrt{1 - \frac{H(T)}{H_{c_0}}} = \sqrt{1 - \frac{350 \times 10^{-4}}{380 \times 10^{-4}}}$$

から $T = 1.18$ [K].

**17.2** 磁界侵入距離 $\lambda_L$ とキャリア密度 $n$ との関係は $\lambda_L = \dfrac{m}{nq^2\mu_0}$ であり，

$$n = \frac{m}{q^2\mu_0\lambda_L} = \frac{9.1 \times 10^{-31}}{(1.6 \times 10^{-19})^2 \times (5 \times 10^{-8})^2 \times 4\pi \times 10^{-7}}$$
$$= 1.13 \times 10^{28} \text{ [1/m}^3\text{]}$$

あるいは

$$1.13 \times 10^{22} \text{ [1/cm}^3\text{]}.$$

**17.3** $\omega = \dfrac{\Delta\theta}{\Delta t} = \dfrac{2eV}{\hbar}$ とおいて，式 (17.14) に代入すると，$J_s = J_1 \sin(\omega t + \theta_0) = J_1 \sin\left(\dfrac{2eV}{\hbar}t + \theta_0\right)$ となり，振動波形となる．

# 参考文献

[1] A.J. Dekker（橋口隆吉，神山雅英訳）：固体物理，コロナ社，2000．
[2] C. Kittel（山下次郎・福地 充訳）：キッテル熱物理学 第 2 版，丸善，1983．
[3] C. Kittel（宇野良清・津屋 昇・森田 章・山下次郎訳）：固体物理学入門（上・下）第 7 版，丸善，1998．
[4] S.N. Levine（神山雅英・稲葉文男・宅間 宏訳）：エレクトロニクスのための量子物理，丸善，1974．
[5] 青木昌治：電子物性工学，コロナ社，1964．
[6] 青木昌治：応用物性論，朝倉書店，1969．
[7] 犬石喜雄・川辺和夫・中島達二・家田正之：誘電体現象論，電気学会，1973．
[8] 大越孝敬：基礎電子工学，電気学会，1976．
[9] 小出昭一郎：量子論，裳華房，1990．
[10] 小谷正雄・梅沢博臣編：大学演習量子力学，裳華房，1959．
[11] 酒井善雄・山中俊一：電気物性学，森北出版，1976．
[12] 高橋 清・国岡昭夫：電子物性，昭晃堂，1978．
[13] 田中哲郎：物性工学の基礎，朝倉書店，1968．
[14] 丹野頼元・宮入圭一：演習電子デバイス，森北出版，1983．
[15] 原島 鮮：熱力学・統計力学 改訂版，培風館，1978．
[16] 山口次郎・田中哲郎・犬石喜雄・浜川圭弘：大学課程半導体工学 第 3 版，オーム社，1990．
[17] 山村 昌：超電導工学 改訂版，電気学会，1988．

# 索　　引

## ■英　数

BCS 理論　137
$g$ 因子　123
$LS$ 結合　123
n 形半導体　68
p 形半導体　68

## ■あ　行

アクセプタ　67
アクセプタ準位　68
圧電効果　110
圧電性　94
イオン結合　32
一次元ポテンシャル　39
移動度　55
異方性エネルギー　131
運動エネルギー　17, 21
運動方向　59
永久電流　136
エネルギーバンド構造　62
エレクトロンボルト　3
エントロピー　109
音響フォノン　52
音響様式　52

## ■か　行

外部電界　96
界面分極　102
化学結合　31
角周波数　15
活性化エネルギー　62

価電子　29
価電子帯　58, 62
間接遷移型半導体　83
基底状態　9
希土類イオン　125
キャリア　55
キャリアの寿命　84
キュリー点　108
キュリーの法則　128
キュリーーワイスの法則　108
強磁性　129
鏡像力　91
共有結合　32
強誘電体　94, 107
局所電界　96
許容帯　36
禁制帯　36, 62
空間電荷制限電流　115
屈折率　102
屈折率楕円体　111
クーパー対理論　137
クラジウスーモソッティの式　98
クローニッヒーペニーのモデル　39
群速度　71
係数行列式　41
欠　陥　56
原子核　8
原子分極　102
光学フォノン　52
光学様式　52
交換エネルギー　131
光　子　8
格子振動　50
格子定数　34
光電効果　83

索引 **175**

コール-コール則　105
コンプトン効果　10

■さ 行

散　乱　56
残留磁束密度　133
磁化曲線　133
磁化率　121, 127
時間微分　19
磁気結晶エネルギー　131
磁気モーメント　121
磁　極　120
磁気量子数　124
磁　区　129, 131
自己回復性破壊　117
仕事関数　7, 90
磁束密度　121
室　温　48
自発磁化　129
自発分極　94, 107
自由エネルギー　109
周　期　37
周期関数　37
周期的ポテンシャル　36, 72
自由電子　33
ジュール熱　118
シュレーディンガーの波動方程式　21
常磁性　121, 126
正体不明　18
状態密度　76
焦電性　94
ジョセフソン効果　141
ショットキー効果　88
ショットキー電流　113
真性半導体　65
真電荷　95
スピン　29, 122
スピン交換相互作用　33
正　孔　65, 73
絶縁体　53, 94
絶縁破壊　116
絶対温度　44

ゼーベック効果　81
双極子分極　102
双極子モーメント　98
相転移　108

■た 行

ダイヤモンド構造　34
縦　波　51
単位格子　34
超伝導　135
直接遷移型半導体　83
ツェナー破壊　118
定在波　13
ディメンジョン　18
鉄族イオン　126
デバイの式　101, 105
電界放出　91
電気光学効果　110
電気双極子　98
電気的中性条件　77
電子正孔対　83
電子なだれ電流　114
電子のエネルギー　16
電子の存在割合　14
電子分極　102
電束密度　94
伝導帯　62
伝導電子　73
同位元素効果　137
統計的平均　44
透磁率　121
導電率　55, 62
ドナー　67
ドナー準位　68
ドナー密度　77
ド・ブロイの電子波　19
ドメイン　129
ドリフト　57
トンネル電流　113

■な 行

内部量子数　123

二次電子放出　92
熱じょう乱　100
熱電子放出　88
熱伝導　53
熱伝導度　53
熱電能　82
熱平衡状態　57

## ■は　行

配向分極　102
パウリの排他律　29, 123
場所だけの関数　24
波　数　14
波動関数　12
バネ定数　51
反強誘電体　94
反磁性　121, 132
半導体　62
バンド伝導型　112
反平行　94
光起電力　83
光吸収率　84
光電子放出　90
光導電効果　83
光の運動量　9
光のエネルギー　9
ヒステリシス　129
非線形光学効果　110
比誘電率　95, 102
ファウラー－ノルドハイムの式　113
フェライト　134
フェルミ－ディラック統計　47
フェルミ粒子　47
フェルミレベル　47, 65
フェルミレベル近傍の電子　59
フォノン　52
フォノンの波数　52
不完全殻　123
復元力　50
複素比誘電率　105
不純物　63, 118
プランク定数　7

ブリュアンゾーン　42
プール－フレンケル電流　113
ブロッホ関数　38
ブロッホの定理　37, 38
プロパゲート破壊　117
分　極　96
分極率　98
分子磁場　129
分子分極　101
フントの法則　123
平均自由行程　53
平面波　38
ペルティエ効果　81
変位電流　112
保磁力　133
ボーズ－アインシュタイン統計　49
ボーズ粒子　49, 140
ホッピング伝導　115
ホッピング伝導型　112
ポテンシャル　17
ポテンシャル障壁　115
ホール起電力　79
ホール係数　80
ホール効果　79
ボルツマン定数　45

## ■ま　行

マイスナー効果　136
マクスウェル－ボルツマン統計　45
面心立方格子　34

## ■や　行

有効質量　74
誘電損率　104
誘電体　94
誘電分極　94
誘電分散　104
誘電率　95
横　波　51

## ■ら行

ランジュバン関数　100
ランジュバン-デバイの式　98
リチャードソン-ダッシュマンの式　86
粒子の仮面　10
量子効率　91

励起状態　9
冷却　82

## ■わ行

ワイス定数　130

### 著者略歴

宮入　圭一（みやいり・けいいち）
　1943 年　長野県に生まれる
　1966 年　信州大学工学部電気工学科卒業
　1972 年　名古屋大学大学院工学研究科博士課程修了
　1972 年　名古屋大学工学部電気工学科助手
　1973 年　工学博士（名古屋大学）
　1973 年　信州大学工学部電子工学科助教授
　1980 年　ハノーバー大学（西ドイツ）フムボルト研究員
　1994 年　信州大学工学部電気電子工学科教授
　2009 年　信州大学名誉教授
　　　　　現在に至る

橋本　佳男（はしもと・よしお）
　1964 年　北海道に生まれる
　1987 年　東京大学工学部電子工学科卒業
　1993 年　東京大学大学院工学系研究科博士課程修了　博士（工学）
　1993 年　日本学術振興会特別研究員（東京大学）
　1994 年　信州大学工学部電気電子工学科助手
　1995 年　信州大学工学部電気電子工学科助教授
　2007 年　信州大学工学部電気電子工学科教授
　　　　　現在に至る

やさしい電子物性　　　　　　　　　Ⓒ 宮入圭一・橋本佳男　2006

2006 年 3 月 9 日　第 1 版第 1 刷発行　　【本書の無断転載を禁ず】
2018 年 2 月 28 日　第 1 版第 5 刷発行

著　　者　宮入圭一・橋本佳男
発 行 者　森北博巳
発 行 所　森北出版株式会社
　　　　　東京都千代田区富士見 1-4-11（〒102-0071）
　　　　　電話 03-3265-8341／FAX 03-3264-8709
　　　　　http://www.morikita.co.jp/
　　　　　日本書籍出版協会・自然科学書協会　会員
　　　　　JCOPY　＜(社)出版者著作権管理機構　委託出版物＞

落丁・乱丁本はお取替えいたします　　　印刷／太洋社・製本／協栄製本

Printed in Japan／ISBN978-4-627-77311-0

# MEMO

# MEMO

# MEMO

# MEMO